coffee
NERD

饌工®

coffee
NERD

How to
Have Your Coffee
and Drink It Too

咖啡极客

［澳］露丝·布朗 著 叶梦琳 译

中国友谊出版公司

图书在版编目（CIP）数据

咖啡极客 /（澳）露丝·布朗著；叶梦琳译. -- 北京：中国友谊出版公司，2018.5

书名原文：Coffee Nerd:How to Have Your Coffee and Drink It Too

ISBN 978-7-5057-4341-0

Ⅰ. ①咖… Ⅱ. ①露… ②叶… Ⅲ. ①咖啡－基本知识 Ⅳ. ①TS273

中国版本图书馆CIP数据核字(2018)第048067号

著作权合同登记号 图字：01-2018-2675 号

书名	咖啡极客
著者	[澳] 露丝·布朗
译者	叶梦琳
出版	中国友谊出版公司
发行	中国友谊出版公司
经销	新华书店
印刷	北京中科印刷有限公司
规格	787×1092毫米　32开
	8.5印张　136千字
版次	2018年8月第1版
印次	2018年8月第1次印刷
书号	ISBN 978-7-5057-4341-0
定价	48.00元
地址	北京市朝阳区西坝河南里17号楼
邮编	100028
电话	(010) 64668676

版权所有，翻版必究
如发现印装质量问题，可联系调换
电话　(010) 59799930-614

献辞

献给詹姆斯，

他更喜欢

健怡可乐。

coffee
NERD

目录

Contents

coffee
NERD

介绍

从何时起，咖啡开始变得这么酷？

几年前，咖啡还只是 75 美分一杯的饮料，主要功效是用来提高学习效率，而且只有两款——普通咖啡和黑咖啡。

而到了今天，一杯咖啡的价格通常都在 4 美元以上，制作过程比过去多两倍时间，容量却降到一半。过去的咖啡屋只是一些放松的小角落，配备了破旧的沙发，同时也出售廉价松饼；今天咖啡屋已化身为一种时尚工业风格装修的实验室，顾客都像是 18 世纪的时髦人士或有钱的伐木工。

咖啡很容易被当成一种赶潮流的东西，像风靡一时的腌制野韭菜或酒吧扔沙包联赛。几十年来，潮流文化中的咖啡已从过去的廉价贸易品蜕变成一种象征着酷的图腾，这种变化似乎仍未停歇。好消息是大多数人都和你一样还对不断变化着的咖啡文化困惑不已，所以你还有时间成为朋友圈里最潮的咖啡潮人。

尽管精品咖啡价格更高，但本地小店里1美元一杯的咖啡简直就是垃圾。想想看，你在几乎所有大城市里都能品尝到的由高级烘焙师烘焙，然后再交由备受好评的咖啡师用世界级设备萃取制成的一杯顶级咖啡，花费却不到10美元。

其实成为一个业余的咖啡权威人士也没有多少难度。比起你朋友艰辛训练Crossfit健身法或是奋战Candy Crush SAGA游戏，你只需要花费少得多的时间和金钱。

你问我是怎么知道这些的？其实，我跟你一样也都普普通通，每天早晨起床，去往办公室，电脑开机，然后在余下的一天时光开始之前，先去小厨房里手工现磨不多不少正好20克的新鲜烘焙的单品种咖啡豆，再彻底浸润上4分钟，萃取出一杯咖啡。我从来都不是一名真正的咖啡师[①]。对于咖啡，我全是凭着品鉴、尝试、失败、阅读，

---

① 很久以前——在我了解咖啡以前——我确实在一家配有一台意式浓缩咖啡机的酒吧工作过，但这段历史还是不提为妙。我想说的是，烧伤最终痊愈了，以及向所有点过脱脂牛奶的人道歉——我给你们的是全脂牛奶。

以及与人交流来学习的。所以，你一样也可以。

　　一旦掌握了这些知识，你就能把它渗透到生活中的其他领域，然后你会成为一个全面的更好更有趣的人[1]。试想这样的场景，你在书店里闲逛，假装浏览着文艺杂志，其实是希望有位不同凡响的时尚女士／男士能为你对捷克当代短篇小说的深刻见解所打动，然后答应你的邀约。达成这个美梦你都不用费劲地研究电影史，只需要几个小时以及 15.25 美元（你看，沙发底下就有个 25 美分的硬币），你就能用海量的谈资给他们留下深刻印象。怎么做？带给他们一次人生中最棒的咖啡约会。

　　你可以先带他们去一个没什么人知道的新颖的小咖啡馆，连 Yelp 上都没有它的记录，他们家甚至连收银机都没有。即使是最贵的饮料，你也心知付得起。你对咖啡豆的国外生长地域分布非常了解（Cariamanga，Sulawesi，Gakenke——这都是哪儿？别担心，你的约会对象也一无所知），听着就像是你去过很多地方旅行。下一步，你要创造机会来评论当前的地缘政治问题（"自从东帝汶从印度尼西亚独立出来，它的咖啡产业从品质上获得了

----

[1]　结果不能保证。

提升……"）。你常去本地小咖啡馆，和咖啡师相谈甚欢，让人觉得你是个积极的市民及社区成员，而你那精炼的味觉（"我尝到了焦糖味、丁香味，以及一点点粉红小熊软糖的味道"）更能彰显你的身份和品位。

大部分关于咖啡的书是由业内人士写的，而本书不是。我们这些普通顾客不需要也不想知道意式浓缩咖啡的分子结构是怎样的（我也完全不懂，所以这样甚好）——我们只是想知道哪种咖啡好喝而已。

所以就当这本书是让门外汉升级为咖啡极客的指南好了。从寻找一家咖啡馆，到调制出一杯属于你自己的饮品，我已经过滤掉很多没用的垃圾信息，最终归纳出了你所需要知道的全部内容，好让你能够从一杯咖啡中得到最多，以避免点单时的不知所措。

既然咖啡都如此酷了，你没理由不如此。

ONE

1. 咖啡的故事

最早有记录的历史得追溯到古埃塞俄比亚……嘿!
我能看到你已经眼神飘忽了。放心,我了解的,你挑这
本书是想知道如今的咖啡界正在发生什么好玩的,所以
所以我们何必要讨论那些已经死了很久的非洲人呢?

或者我们换种说法:假设在全美巡回音乐节[①]的盐湖
城站,你遇到一个十四岁少年并且尝试从他/她那儿了解
朋克摇滚。当然,他/她或许能向你大概地介绍时下流行
的 T 恤上印着的每个乐队的情况,但这样的描述还是会
缺乏一些极为重要的历史和上下文背景。你真正需要了
解的是那些在朋克之前诞生的乐队。

实际上,为了真正理解咖啡世界目前的情况,你不

_____
① Warped Tour,美国一个极限运动的音乐节。

仅要知道它们是什么，同样还需要去理解它们不是什么。正如朋克摇滚乐的兴起，一部分原因是对上世纪 70 年代流行的精装商业摇滚乐的反抗，同样，当下的咖啡流行趋势在很多方面也是对上世纪 90 年代开始的流水线式咖啡连锁店的抵制。

更严肃地说，真实的咖啡贸易发展历程是一段糟糕的历史。咖啡贸易是奴隶制、过度开发、贫困，以及环境破坏的加速器——某种程度而言甚至还会持续地助长它们。当你购买咖啡的时候，你就成了这个体系的一部分。你不需要非关心不可（我的意思是，你个混蛋当然应该去关心这些，但是没有人会逼你这么做），但你至少要知道那些你不关心的事物究竟是什么。

所以，请容忍一会儿，我会尽量把这些内容讲得少一点枯燥（或者你就是不想听这些絮叨，那就跳到下一章吧。这可是你的书，想怎么读都随你）。

源自非洲

所以那些古埃塞俄比亚人是怎么回事？咖啡树是埃

塞俄比亚的当地作物，古代的埃塞俄比亚人可能也一直都是用各种方法来取食咖啡果实、种子和树叶，自从不知道是哪个幸运的古代居民体验到了咖啡因带来的振奋感并到处欢呼："嘿，你一定要试试看，这玩意儿绝对会火起来！"

某个历史时间点上，又出现了一个机灵的城市居民，想出了将咖啡果实中那颗豆子形状的种子进行烘焙的方法，再把烘焙后的种子碾磨成粉，用热水煮开，最终就诞生了我们今天（算是）熟识的（差不多的）咖啡饮品。

走出非洲

接下来，咖啡狂潮席卷了阿拉伯。你不必对此感到惊讶，要知道也门距离好望角只有很短的航海距离。16世纪也门已经种植了很多咖啡树，穆斯林世界里到处都有咖啡豆的踪迹，而就在某个时刻，他们创造出了咖啡屋，尽管他们到好多个世纪之后才另外创造了蓝莓烤饼和诗歌之夜。

土耳其人对咖啡这种饮品特别喜爱，16世纪奥斯曼帝国接管也门之后，开始加强控制当地的咖啡种植。他们热衷向其他国家推销咖啡豆，但同时又想持续垄断咖啡树和种子，而这个策略一直到了17世纪初才被一个狡猾的荷兰商人打破，他成功走私了一株咖啡树。

之后，这个荷兰人便在当时的荷兰殖民地，即今天的印度尼西亚、斯里兰卡以及印度西南海岸的土地上开始了咖啡种植业。

一路向西

17世纪欧洲商人开始购买这种充满魔力的豆子，起初他们只是想要在亚洲和中东日益增长的市场中分一杯羹，但最后结果是欧洲大陆的很多城市都为咖啡的魅力所倾倒，咖啡屋文化在欧洲兴盛起来。

欧洲人培养出对这种新式饮品的品味（坦白说，由于那个时候咖啡品质和制作工艺都相当糟糕，人们感受更多的只是一种新奇刺激），一些人开始对浓烈的土耳其式黑咖啡嗤之以鼻，为了取代它们，欧洲人过滤出咖啡中的沉淀物，再加入牛奶，调制出一种更适合欧洲人口味的咖啡。

其中最有名的，要数 17 世纪 80 年代维也纳最早出现的一批咖啡屋中的蓝瓶子咖啡屋（the Blue Bottle），他们过滤掉咖啡中的沙砾状沉淀物，然后加入牛奶。很多人相信正是这种调和的顺滑口感帮助咖啡赢得了更多青睐（之后，奥地利人又让在咖啡顶部加上搅打奶油的做法变得流行起来，而我们都知道最终它变成了什么……）。

同样，17 世纪的英国殖民者也将咖啡引入了他们的美洲殖民地，但我们留待之后再讲这段，让我们先去看看这片大陆上别的地方还有哪些更为有趣的故事。

咖啡登陆美洲

欧洲商人从亚洲买回生咖啡豆经过加工再卖回去，以此赚取了丰厚利润，所以自然而然地，一些国家便想占据整个供应链。于是在 18 世纪早期，法国和英国开始了殖民地的咖啡种植——主要是在加勒比地区。为了便于操作，他们在过去殖民地的甘蔗种植园基础上建立了新的咖啡种植园。

而当时掌控巴西的葡萄牙殖民者也想种摇钱树，于是在 18 世纪 20 年代，他们从邻居法属奎亚那偷到了一些咖啡种子（想要深入了解所有迷人的细节，请阅读"咖啡史研究"的补充内容）。依靠奴隶制，巴西得以将咖啡种植业赶上其他南美洲和中美洲国家的水平，最终成为世界上最大的咖啡生产国。不过直到 19 世纪他们才真正发展成为巨头。

临近 18 世纪结束，如今的海地（当时是法国殖民地圣多明各），成为当时最大的咖啡出口地。但当地咖啡种植园的奴隶忍受着极为恶劣的生活和劳作环境（即使和 18 世纪的奴隶生存条件比起来也是相当恶劣的），他们反抗并毁掉了很多咖啡种植园——更不用提奴隶主了。

这使得锡兰（今天的斯里兰卡）——在英国的控制下——成为新的经济体。但在 19 世纪下半叶，一场被称作咖啡锈叶的疾病摧毁了这些植物，一同遭殃的还有印度和印度尼西亚的咖啡植株（当时英国大部分种植园改种茶叶，这也是今天的饮茶王国崛起的一个因素，尽管早期的英国也非常流行饮用咖啡）。

于是，这些现已脱离殖民的拉丁美洲国家开始随着咖啡产业而逐渐获得发展（但综合各种因素来看，这并不完全是一件好事——很多当地居民失去了土地，自然环境遭受破坏，工人普遍受到剥削，而更糟糕的是，这一切只不过是为了满足整个世界对咖啡日益增长的贪婪而已）。

咖啡史研究

帝国间争夺咖啡的过程中，这些盗抢和谍战谱出了激动人心的，甚至算得上性感的一个个故事（只要你对殖民主义和奴隶制相关的部分选择暂时性忽略）。充满浪漫主义色彩的阴谋，虚张声势和偷运走私——这些咖啡的故事就像爱情小说。我们用这样的视角来认识历史上的两个混蛋：

加布里埃尔·马蒂厄·德·克利（Gabriel Mathieu de Clieu）是一名驻扎在加勒比马提尼克岛上的法国海军军官。18世纪20年代初，他构想在马提尼克岛上种植咖啡，与此同时他知道荷兰人将一株咖啡树送给了路易十四，而

咖啡极客

11

这株植物正被供养在皇家植物园里。在前往巴黎的途中，德·克利就开始盘算要如何得手。据可疑传闻所描述的（好吧，虽说有点可疑，但仍是个伟大的故事），他成功说服了一个法国贵妇人用女人的心机诱使某位皇家医师进入植物园盗取了咖啡树切枝再转到德·克利手中。

德·克利为这株咖啡树建造了一个小型温室，路途上种种艰难险阻，他遭遇了一场巨大的风暴，一次海盗的袭击，以及一个嫉妒心起的船员试图毁掉植株，但这株咖啡仍在温室里安然存活。1723 年他终于到达马提尼克岛，并成功移植了咖啡树，从此开启了法国在加勒比地区繁荣的咖啡种植产业。

让我们快进几年，法国人和荷兰人咖啡种植园已经延伸到他们在南美的殖民地，相邻的巴西殖民地上的葡萄牙人对此非常嫉妒，但并没有一个帝国愿意与他们分享咖啡树种。到了

1727 年，法属圭亚那和荷兰属圭亚那发生了边界争端，他们请葡萄牙人来调解。于是，弗朗西斯科·德·梅洛·帕赫塔（Francisco de Melo Palheta）中校正式登场。表面上，这位巴西军官被调派到法属圭亚那以解决争端，实际上他真正的任务是窃取法国人的咖啡树种。故事仍在继续，帕赫塔成功引诱了殖民地执政官的妻子，当他离开之际，执政官夫人赠送他一束花——里面藏了咖啡种子。

同时，在欧洲……

回到 18 世纪，欧洲文化中心，人们真正开始醉心于咖啡这一新饮品。coffee houses，cafés，kaf-feehäuser，不管阿姆斯特丹的人们怎么称呼它，咖啡厅像是小精灵一样快速复制增加。它们可不只是喝咖啡的地方而已——

在咖啡馆，人们分享想法，观看表演，谈生意，有时也会就餐。早期的咖啡馆装修都十分凸显出咖啡的异域风情，正如今天每家 P.F.Chang 连锁餐馆门口的马形大型雕塑都会让你意识到它的起源。在伦敦，一些咖啡馆里陈列着填充式动物标本，甚至有犀牛和大象之类活生生的动物。而在巴黎，咖啡成为 17 世纪下半叶兴起的土耳其狂热的一部分，那时候的巴黎人全都戴头巾穿长袍。欧洲的各个国家最终都发展出能更好反映各自本土情怀的咖啡文化风格：伏尔泰和拿破仑在巴黎的 Café de la Régence 下西洋棋，亚历山大·蒲柏和乔纳森·斯威夫特在伦敦的 Button's 咖啡馆讨论文学，而卡萨诺瓦则在威尼斯的 Florian 咖啡馆里开始了他的猎艳行动。

咖啡已经不再是最初那样用脏兮兮的壶煮开（尽管当时还有很多咖啡馆是这么做的）。牛奶、奶油、可可甚至酒都被加进咖啡（在英格兰还有一些咖啡是同芥末混合的，而 18 世纪一半时间里大多数英格兰人都是这么喝咖啡的，简直是难以置信），不同于将咖啡粉混合物煮沸的咖啡制作方法，浸泡调制法的理念得到重视——即往咖啡豆的磨粉里倒入热水，充分浸泡后过滤出咖啡。

19 世纪的欧洲，出现了更多成熟的咖啡调制设备，如渗滤式咖啡壶、虹吸式咖啡壶，以及滴滤器。

我想在美国喝咖啡

横跨大西洋，又是另一番不同光景。美国到 17 世纪末才出现第一家咖啡馆，当时美国人如同正统的英国殖民者一样更热衷于饮茶（好吧，以及酒）。直到他们决定不再做优越的殖民者，将所有茶叶倒入波士顿湾（可能你听过这段故事），之后咖啡突然变得没那么糟了。日益增长的巴西咖啡产业意味着美洲人民不再需要那些臭名昭著的英国咖啡——他们能收获自己的咖啡。南北战争也进一步加强了美国人对咖啡的偏好（好吧，是部分美国人）。北方军的士兵配给里有一定量的咖啡豆——通常是生豆子——战场上，他们简单地进行烘焙，磨碎咖啡豆然后煮咖啡。可怜的南方军士兵就没这么幸运了（尽管有时候他们可以和敌军用烟草交易咖啡豆）。

在咖啡调制技艺上，比起法国人和德国人，美国佬还是落后了不少，但在烘焙技术上美国人表现得并不差。

随着技术的改进，更多的商业化咖啡烘焙开始出现，很多美国人不再购买生豆子，而是从杂货店购买预先烘焙好的咖啡豆，回家再对它们慢慢品味。到19世纪后期以及20世纪初，咖啡（烘焙）已经真正成为一个产业，很多品牌，像是Folgers，Chase & Sanborn，Arbuckle，Hills Bros.，以及Maxwell House都出现在商店的货架上。

世纪更迭

此时，美国人开始使用泵压式咖啡渗滤壶，这种方法并不能做出好咖啡，但相较之前仅仅是热水煮咖啡粉的方法仍是一项进步了。而此时的欧洲大陆，意大利浓缩咖啡机的发明开启了新世纪。相应地，美国人发明了速溶咖啡作为回敬。干得漂亮，美利坚！（好吧，说实在的，是来自不同国家的不同的一些人发明了最初形式的速溶咖啡，但某位美国人第一次成功地将其商业化了，之后便在一战的美国军队里流行开来）。

继续快进到大萧条时期。整个世界都被经济下行压得喘不过气来；而到了恢复期，美国咖啡稍微好一点了。禁酒令促进了咖啡和咖啡馆的流行（我的意思是，除了咖啡之外你还能喝什么）。市场上，日益取得主导地位的品牌咖啡烘焙企业，将拉丁美洲流入美国的更优质的咖啡豆制成混拼豆，再在包装外贴上高级标牌，尽管此时，很多本地商店仍在零售新鲜烘焙的咖啡豆。真空包装的流行，让咖啡豆在保证新鲜度的前提下能够被货运到更远的地方。咖啡市场随着金融市场双双崩溃，导致咖啡豆价格跌至非常非常低的位置。另一方面，一些消费者终于追赶上更好的滴滤和虹吸式咖啡调制工艺。

而在欧洲，也有一些别的什么东西也正在调制过程中（准确地说，并不是调制出来的）——一家可能你听说过的，名为雀巢的瑞士小公司，正在研究制造速溶咖啡的一种更好的方法。这项新产品被命名为雀巢咖啡（Nescafé），并在 20 世纪 30 年代末投放美国市场（之后更名为雀巢金牌速溶咖啡）。噢！对了，同时期的德国也在酝酿一些糟糕的东西。

随着第二次世界大战打响，美国军队带着包含这种新奇速溶咖啡的军事配给奔赴战场。咖啡在真正变好之前，还会继续向着糟糕的方向发展。

延伸阅读

>《左手咖啡，右手世界：一部咖啡的商业史》
（*Uncommon Grounds: The History of Coffee and How It Transformed Our World, Mark Pendergrast*）马克·彭德格拉斯特著。几乎是咖啡史研究者的福音。这本书在咖啡贸易对拉美国家的政治、经济及社会影响方面的记述尤为详细（剧透：主要是恶劣影响）。但也不全是沉重内容——彭德格拉斯特重现了 19 世纪和 20 世纪初的美国咖啡市场，他笔下的美国咖啡巨头商战故事精彩纷呈，而肆无忌惮的市场营销手段也让人觉得滑稽可笑。

>1922 年，威廉·乌克斯，《茶与咖啡贸易期刊》
（*Tea & Coffee Trade Journal*）的主编，著写了《咖啡全书》（*All about Coffee*），这本书的版权目前已经过了保护期，读者可在古腾堡计划网站上阅读和下载。如果你想要了解一百年前咖啡极客是什么样子的，看看乌克斯就知道了（他所提倡的东西正是今天咖啡爱好者仍努力推广的：新鲜烘焙，现饮现磨，手工滴滤）。

2. 咖啡的现状

咖! 那些都已经是 5 个世纪之前的事了。本章，我们将会回顾美国的咖啡现代史。幸运的是，我们只用研究大概 70 年的时间——即从二战结束一直到今天。

挥手致意

一位名叫翠西·劳斯盖博（Trish Rothgeb）的咖啡产业专家，同时也是旧金山落锤咖啡烘焙店的合伙人，她在 2003 年发表的一篇文章中引入了一种理念，即将咖啡的发展历程划分为三次"浪潮"或运动。这个理念在咖啡产业内外产生了深远影响，"第一波浪潮""第二波浪潮"，特别是"第三波浪潮"，这些概念深深地植入了人们的大脑。

正如我说的，这些运动并不是一个个离散的时间段——即便在今天，第二波浪潮和第一波浪潮仍在发展壮大——但我们还是按它们各自诞生的年代顺序来逐一检视它们。

第一波浪潮

上一章内容最后提到的时期，美国咖啡的发展已经相当不错了，但就在那时二战突然爆发。我们还是略过这些不愉快的部分，继续往战后看，这时美国的咖啡再次变得糟糕起来。造成这种局面的原因可不止一个。

原因之一，二战中的美国军人回国后，都已经培养出对速溶咖啡的喜好，或是容忍度。方便食品爆发式地普及起来——如果你吃的是电视餐，以及预拌粉蛋糕，那还有什么理由花时间去悉心调制一杯咖啡呢？同样，咖啡贩卖机也是随着"咖啡时间"这一概念的创造而流行起来——咖啡产业一手打造出了这个概念，就像是钻石产业创造了订婚钻戒，以及贺卡公司创造了秘书节①。

而此时，咖啡豆的价格迅速上涨，这都要归咎于巴西的通货膨胀和供应骤降。但是消费者并不愿意买账。于是，那些今天已经完全主导市场的咖啡品牌，在不断被更大的食品集团收购后，开始在自家的咖啡中混入便宜但质量差很多的罗布斯塔豆（见第3章），这种咖啡豆也被用来制作速溶咖啡。用这种豆子做出的咖啡口味非常糟糕。很多美国人因为接受不了这种劣质口味而不再饮用。

当咖啡人士说到"第一波浪潮"，这就是他们所说的一切了——速溶咖啡的扩张，以及低品质、大规模生产的品牌咖啡豆。这阶段主要是从二战结束开始，跨越了整个60年代，直到今天，畅销的速溶咖啡仍然占据着商店货架。

第一声枪响

那个时期并非所有事都很可怕。20世纪40年代末期，一个名叫阿基里斯·盖吉亚（Achilles Gaggia）的意大利

---

① 每年4月的最后一个星期三，源于20世纪50年代的美国。

男子，极大地改进了原始的意式浓缩咖啡机，找到一种能在一个更高压力下萃取咖啡的方法，并创造出了今天我们所知道的真正意义上的意式浓缩咖啡。到了 50 年代，这些机器开始在美国一些大城市的意大利咖啡馆中出现——主要是纽约和旧金山，它们和本土的"垮掉的一代"以及"波西米亚人"一起流行开来。虽然到了今天，我们可能会把他们视为将移民文化占为己有的嬉皮士，八卦媒体 Gawker 则乐此不疲地嘲讽他们，但在那个时候，一切都真的是非常酷。

之后又过了几十年，当一种完全不同风格的意大利风格的咖啡馆席卷了整个美国，意式咖啡才真正发展成为主流。（剧透警报：它的名字和 schtar schmucks[1] 押韵）

第二波浪潮

在很多人的观念里，第二波咖啡浪潮等同于崛起的绿色美人鱼和进击的奶油薄荷摩卡。但真正的第二波浪潮

---

[1]　schmucks 意为"笨蛋"。

远不止这些——星巴克只是故事中的一个章节。

咖啡回归品质

故事要追溯到 20 世纪 70 年代，小型独立优质咖啡烘焙店又一次涌现。常见的品牌咖啡豆一般是提前烘焙好再进行罐装，再在运往全美的途中被研磨，却有一些顾客探索出了另一种乐趣，即新鲜烘焙全豆，它们来自于遥远的咖啡种植地，继而又被技巧性地拼合在一起。

等等，这些烘焙店难道都是一夜之间不知道从哪儿突然间冒出来的？不完全如此。或许一些理由能很好地解释它们为何出现，但对这波浪潮最简单的理解角度，还是需要去看同时期兴起的自然美食运动，特别是到达顶峰的 80 年代，出现了很多像是 Whole Foods 和 Dean & Deluca[1] 的一类商店。雅皮士也到了再也不想吃 Wonder Bread[2] 的境地——他们想要的是佛卡夏面包。

当然了，这些人并没有把他们自己或他们的咖啡叫作"第二浪潮"，因为彼时这个理念还没有真正诞生。而

---

① 均为美国食品超市。

② 美国面包品牌。

他们用的名称，是"精品咖啡"，最早是由一个叫作厄纳·克努森的咖啡进口商人从 1974 年开始用起来的，之后到了 1982 年又被美国精品咖啡联盟所采用。有时也用精品咖啡指代这一运动，但严格意义上精品咖啡指的是特定级别的咖啡豆——在 SCAA100 分制评级系统里，它们至少要达到 80 分以上。

20 世纪 70 年代，这些叛逆者开始出现，到接下来的 80 年代和 90 年代，精品咖啡已经变得无处不在，风行美国，最终精品咖啡进驻了非常多的百货商店——便利店，加油站，机场，甚至麦当劳也都紧随其上。时至今日，据 SCAA 的记录，精品咖啡已经占据美国 37% 的咖啡消耗量。

来自伯克利

不管你相信与否，这个时代最重要的一家咖啡烘焙店是皮兹咖啡与茶（Peet's Coffee & Tea）[①]。没错，就跟你家附近商场里的那家皮兹咖啡与茶（Peet's Coffee & Tea）店是一样的。早在 1966 年这个品牌刚开张的时候，它还只是一家坐落在加利福利亚州伯克利的嬉皮士活动中心

① 美国的咖啡连锁店。

的小型零售店（位于爱丽丝·沃特斯开的潘尼斯之家[①]餐馆的那条路上——参与美食运动的一家餐馆——要在Peet's Coffee & Tea创立的几年后才诞生）。阿尔佛雷德·皮特，这位荷兰移民，出生下来就注定要继承他父亲在荷兰的咖啡烘焙生意，他有寻找高品质咖啡豆（应该还有茶叶，不过在此并不重要）的高超技能，再加上对这些咖啡豆的极力赞颂，培养出了一大批信徒。皮特在店里现场烘焙咖啡豆，采用了比较深的烘焙程度——正是这种风格吸引了很多门徒。

在这些门徒里，有三个好朋友想在西雅图创建自己的咖啡烘焙生意。三人来到伯克利学习贸易经验，然后到了1971年，他们在翡翠城模仿皮特的店创立了自己的店铺。他们将它命名为星巴克。

一种新的咖啡调制方法

另一方面，20世纪70年代见证了自动滴滤咖啡机的快速崛起。一直陪伴你成长的那台泛黄的"美国咖啡大师"咖啡机[②]渐渐淡出人们的视野，但它算是一个巨大的

---

① Chez Panisse，著名美国餐馆，被多次评为美国最佳餐馆。

② Mr. Coffee，美国咖啡机品牌。

进步，大部分人从此远离了滴滤咖啡。在美国颇受欢迎的 Melitta 手工滴滤咖啡机也是在这个时期出现的（这家德国公司从 1908 年创立之始便一直销售这款机器的多种迭代版本）。

但正如我们所知，真正定义了这个时期的，是意式咖啡机的诞生。让我们快进到 80 年代的早期看一下星巴克的情况。当时，星巴克已经有了几家分店，但本质上它仍是一家咖啡豆零售店。当时的市场总监霍华德·舒尔茨，在一次去往意大利的旅途中，被意大利境内已经满是浓缩咖啡的咖啡馆吸引住。他将浓缩咖啡的概念带回美国，并买断星巴克，以一种全新的视角重定义公司。巨大的饮料杯型、不同风味的糖浆以及广受欢迎的星冰乐现身在他们的菜单上，最终引爆了流行狂潮。接来下发生的一切你应该都已经知道了。

很多专业咖啡烘焙店和咖啡馆卷入连锁咖啡巨头引发的竞争当中——迅速地扩张市场，引进各种风味饮品，降低对品质和新鲜度的关注——实际上，很多店最终被星巴克收购。但是也仍有很多店坚守初衷。

道德考量

第二波咖啡浪潮中的烘焙店和消费者越来越意识到要去了解咖啡豆真正的原产地——我指的并不是"哥伦比亚"或"某个农场"。

20 世纪的 80 年代和 90 年代对我们所有人而言都是野蛮的——举个例子，那时的我经常穿着 Hypercolor[①] 的防护服——而咖啡生产国的情况更为艰苦。拉丁美洲的债务危机和内战，埃塞俄比亚的饥荒，卢旺达的民族大屠杀，以及对印尼造成严重冲击的亚洲金融危机。事情发展甚至变得更加糟糕，80 年代末期咖啡豆的批发价格骤降，一路降到 90 年代中期的最低点，这对小型咖啡农场和社区造成了毁灭性的打击。

与此同时，西方世界的很多人开始觉醒，意识到甚至他们的运动鞋都是由第三世界血汗工厂里的儿童生产出来的。从 60 年代起，出现了越来越多的环保认证，公平贸易运动也发展起来，逐渐进入主流视野。

很多第二波浪潮的弄潮儿——真正认识到种植咖啡的人群生活的艰苦程度——于是满怀激情地加入了这些

---

① 美国服装品牌。

项目。其他人则抱怨连连——在激进分子的持续施压下，星巴克终于在 2000 年开始供应一些公平贸易咖啡。

为连锁咖啡店辩护

写下这几个字，甚至我自己都感到有点肮脏，但理解星巴克及同类咖啡商对这个国家所产生的巨大影响是非常重要的——无论这种影响是好还是坏。这些企业让咖啡制作和咖啡屋再次变酷。显然很多吃货和格兰诺拉燕麦片[①]爱好者已经步入精品咖啡和意式浓缩咖啡的世界，但大型连锁店制作的咖啡饮品才是青少年真正想饮用的。他们将浓缩咖啡和浓缩咖啡饮品（甚至还有一些略奇怪的变种饮品）引进到怀俄明州的某个不知名的地方。当人们发现它们之后，就想在其他地方找到更好的咖啡饮品。最终，他们的顾客是那些从未在一杯咖啡上花费超过 50 美分而此时却愿意付出 4 美元的人。

另外，这些咖啡店帮助咖啡师在咖啡制作的游戏里获得重要角色——调制技巧得到了等同于烘焙技巧的重视程度。很多人的咖啡事业始于一件绿色围裙，最初只是

---

① granola，一种健康即食食品，由坚果、果干和滚压燕麦烘焙制成。

按下半自动意式咖啡机上的各种按键，再之后便去到其他地方成为了不起的咖啡师。

所有这一切都为下一代的咖啡新人类铺平了道路，而他们将会把咖啡烘焙和意式浓缩咖啡带到新的高度。

第三波浪潮

正如第一波浪潮时期随处可见的劣质咖啡触发了精品咖啡先锋运动，他们改写一切，一批新生的咖啡极客终于发动了对咖啡产业泛滥成灾的咖啡味奶昔的对抗。

20 世纪 90 年代末以及 21 世纪初，当很多精品咖啡领域的人一门心思放在制作完美的南瓜拿铁上时，却有一些年轻人越来越沉溺于完善咖啡本身——寻找世界上最好的咖啡豆，挑选能凸显咖啡豆最佳特质的烘焙店，最终制成一杯完美无缺的浓缩咖啡。

显然，这种追求最终成为一项精品咖啡运动——第三波咖啡浪潮——几乎已经可以定义当今世界最酷的咖啡趋势了。进入咖啡极客世界的第一步，就从熟悉下面描述的每一件事物开始。

用词警告

小心：很多第三波浪潮的个人和公司并不会刻意强调自己就是所谓的"第三波浪潮"。这有点像"时尚人士"之类的字眼——我们能一眼认出一个时尚人士（他们内心深处也是明白的——噢！我这是在骗谁呢，我可是专门写了一本书来讲咖啡极客的，而你也正在读着它：我们都知晓自己究竟是怎么一回事），但是你很少听到人们真的会如此自我定位。一些人会用"手工咖啡"这个词来指代，就像说手工酿造啤酒一样，而另一些人则习惯使用"精品咖啡"之类的词语。但是，请不要走进任何一家咖啡馆，一上来就问："嘿，你们有第三浪潮的咖啡么？"答应我好吗？不然那些时尚人士绝对会跟你翻白眼的。

单品种咖啡豆和微批次

如果第二波咖啡浪潮所做的，是将烘焙师和咖啡师的工作转化为一种工艺并将这个理念推广到全世界，那么第三波咖啡浪潮只不过是对咖啡种植者做了同样的事情。

"单品种"这个词技术上指的是，所用的咖啡豆必须都是来自同一种植地——比如爪哇，或科纳。这并不是什么全新的概念。但第三波浪潮的烘焙店对单品种咖啡豆投入了极高的关注，他们只采用来自一个地区的小型集体农场、独立农场，甚至是独立农场中特定区域所产的咖啡豆（这种被称为微批次咖啡豆）。

第二波浪潮的咖啡人士可能已经把"苏拉威西"（一个印度尼西亚的岛屿）作为他们的标签了，而第三波浪潮烘焙店谈的更多的则是苏拉威西的某个特定地区，以及具体的农场。此外，他们还会加上一篇关于农民的短文，写的是他的生活以及他身后那条狗的名字来源的故事。他们的理念，主要是围绕捕捉某个独特产区的咖啡豆的品质特性，这和顶级的葡萄酒制造者所用的技巧如出一辙，着重强调了商品生产者的个人努力。

对微批次咖啡豆进行区分，能让种植者和烘焙师在一个农场的最佳区域中挑出最最完美的咖啡豆，从而将咖啡的品质带到一个全新的高度。这又是一次对葡萄酒产业的效仿，葡萄酒制造者会挑选出葡萄园里特定位置上的特定品种的葡萄，以酿出顶级的葡萄酒。

而从消费者的角度出发，第三波浪潮咖啡人士坚称单品种咖啡能让饮用者更好地理解不同产区咖啡豆的独特风味，这是对咖啡农场劳作成果的鉴赏（你可能不同意这一点，会觉得人们只是更想买那些有名字，有面孔，甚至还有故事的产品。我们都在美剧《波特兰迪亚》〔Portlandia〕里见过类似的场景，只不过剧里的商品换成了鸡）。

拼配豆

现如今，一些第三波浪潮咖啡馆和烘焙店只供应单品种咖啡豆。除此以外的店还是会用到混拼豆的——通常是混合几种不同产地的咖啡豆——尤其是用来制作意式浓缩咖啡的时候。拼配豆的拥护者坚称混拼本身就是一门艺术，比起各自分开的单品咖啡豆，将它们拼配在一起能够获得完全不一样的风味与香气。更进一步，很多人相信仅使用单品咖啡是达不到意式浓缩咖啡的标准，意式浓缩的调制方式会将单品咖啡的最糟和最佳的品质同时放大——很多人觉得这样的成品会导致严重的失衡，或是过于单调。单品咖啡纯粹主义者则认为，更加娴熟和更富技巧性的烘焙与调制完全能够战胜这一点不足。

原产地直接交易

为了保护这些独特的咖啡豆——保护其中最好的——早期的第三浪潮烘焙店开始亲身前往咖啡种植地，从农场直接采购咖啡豆，而非通过复杂的第三方越洋交易链。他们并非首创这样的做法，但正是他们第一次将这样的实践和前沿的咖啡商业模式结合起来，并且将这一理念带给咖啡消费者。

这种实践背后的思维（不同于仅是为了亲自检视种植园）源自对高品质咖啡豆的追求，为此，你必须付出最大程度的努力。在烘焙店和农民及合作社直接谈判的过程中，金钱刺激会让后者生产出更高品质的咖啡。如果你想要买微批次豆，你就得鼓励农场以批次的方式来采收并分开保存。这对种植者而言是极为繁琐并且耗费时间的，所以必须得提供额外收益驱动他们这么做。

另一个原因，这样做既能对种植者也能为消费者带来更多的交易透明度。烘焙店则可以对消费者说："嘿，我们可是到过咖啡种植地的。我们知道这些咖啡的种植方式都是符合道德并且具备可持续性发展的。我们直接付款给农民所以能确保他们拿到一个公平的价格。看见没？咖啡标签背面还有他家狗的名字！"

这种商业关系就是我们通常所说的"直接交易"——很多第三波浪潮的咖啡人都已经抛弃了与此相反的公平交易模式（更多相关内容请参见第 6 章）。然而，这个词语还没有一种真正规范的定义，近些年来它的含义愈发变得模糊。

今天，很多第三波浪潮烘焙店并没有用到真正意义上的直接交易咖啡豆。他们没有充足的时间、资金，或是不远万里飞往咖啡种植地的意愿，所以他们还是得通过那些位于种植地并且他们信得过的第三方来交易咖啡豆。不过大多数人还是坚持稍高但合理的价格，采购合乎道德并可持续生产的咖啡豆，以及保持透明的供应链交易原则。或者只是他们说自己是这么做的，不管怎样。

更浅的咖啡豆烘焙

所以如果你已经为了获得特定的单品咖啡而付出额外努力和金钱，你当然是希望消费者能真正尝出它们的区别的。因此，烘焙程度越来越浅正迅速成为第三浪潮咖啡烘焙店的明显趋势。

一个经常用到的老套理由是拿牛排的烹饪做类比：假如你买了一大块高价牛肉，你就不应该把它煎成全熟；而当你把它煎到一分熟或三分熟，它的那些独特的风味，多汁的口感，以及所有让它之所以昂贵的东西都能保留下来，继而被食客品尝出来。对于咖啡豆，你的烘焙过程越长，你能从中品尝出的独特风味就越少，所尝出来的大部分风味更多来自于烘焙本身（最终只是一种焦味）。有时你可能听到一些人将这种烘焙方式称作"斯堪的纳维亚风格"，正是因为斯堪的纳维亚地区的第三波浪潮咖啡烘焙店最早开始浅程度的烘焙，这个名称因而保留至今。

大部分美国烘焙店并没有像他们的北欧同行那样非常浅地烘焙咖啡豆，而对于那些已经习惯了较深烘焙程度的人而言，刚接触浅烘焙咖啡时反而是会咽不下去的（这是形象化的说法，不过现实中很可能真的是这样）。

新鲜生产的咖啡

当第二波浪潮让更多人重新认识到新鲜烘焙和研磨的好处时，第三浪潮已经奉之为真理了。咖啡包装被标记上烘焙日期（我认识的一个烘焙店甚至会标上具体的时间）已经成为行业准则，而使用烘焙后几周内的咖啡豆更是被业内人士大力提倡（如果不完全严格执行的话；有些烘焙店不会在杂货店销售他们的产品，而对于那些他们觉得不会及时撤下过期咖啡豆的咖啡馆，他们也会拒绝供应）。随着思维方式的转变，人们不再将咖啡视为一种在杂货店就能随随便便买到的商品，咖啡豆不应该像货架上一包一包的糖那样，而更像是季节性的新鲜作物，类似于草莓的种植和售卖。

完美的调制

你都已经花了这么多时间和金钱来确保这些远在半个地球之外的某个农场里珍藏的独有咖啡豆能够安全抵达你这儿，然后被投入到技巧十足的烘焙过程中，以发挥出它们的最佳特性，所以你没理由只打算让这些"坏小子"被用在一台锈迹斑斑的老式家用自动滴滤机上的。以咖啡馆的标准，第三波浪潮咖啡人对于咖啡的调制过程，就如同他们采购、烘焙咖啡一样满腔热忱。

制作出超高品质的意式浓缩咖啡——既要有娴熟的专业技术，也要配备极为昂贵的顶尖咖啡机——已经成为绝大多数第三浪潮咖啡馆的一种标志（如果你想要见识下这种热情如何发挥到极致，可以在 YouTube 上找些美国咖啡师冠军赛的片段看一下。这项高难度的比赛是由 SCAA 从 2002 年开始举办的，它的特色在于很多衣着打扮无可挑剔的年轻男女咖啡师各自表演一段 15 分钟的浓缩咖啡和卡布奇诺制作流程，而评委团则在一旁滔滔不绝地谈论着咖啡豆产地、调制方式，以及风味评析——同时，还配着背景音乐。这很像 TED 演讲秀和"铁人料理"秀的跨界混搭）。此外，甚至批量调制咖啡也能成为一门正式的生意，很多咖啡馆会用精心准备的法压壶来取代自动过滤咖啡机。

但是大概在 21 世纪最初十年的末期，第三波浪潮的咖啡师们又产生了一股新的痴迷：手工调制。即客人点的每一杯咖啡，都是由咖啡师亲手一次一杯地制作出来的。这个概念也没什么新奇的——手冲和虹吸咖啡壶都已经在美国咖啡爱好者的厨房（以及一些奇怪的咖啡馆）里出现几十年了。但很多咖啡师似乎才反应过来："哈，我奶奶用的 Chemex 壶和 Melitta 壶才是真的酷啊！"与此同时，几种来自日本的咖啡调制器具（在日本，人们已经被手工调制吸引很久了）也开始冲击美国海岸，促进了手工调制的流行，因为每个人都很喜爱这些日本制造的新奇小玩意儿。

想要理解这些需要大量手工、低技术含量的制作方法为何会如此吸引人并不难。它们完美地契合了第三波浪潮咖啡的理念，将咖啡视为一种手工艺食品，每颗咖啡豆身上都有独特的个性需要得到表达。意式浓缩咖啡是一种很特殊的咖啡饮品类型，大批量快餐模式制作的咖啡已经不再振奋你的神经了。而手工调制能让烘焙店呈现出咖啡豆最极致的一面，同时咖啡师对最终成品的味道也得到了最大程度的控制。更不要说表演方面手工调制也是能加分的——制作意式咖啡时你只能站在巨大的咖啡机器后面，远离顾客的视线，而在用手冲壶和虹吸壶制作咖啡时，咖啡师像拥有魔法一般在顾客面前进行操作，同时还能和顾客保持交谈。

如今，手工调制咖啡器具已经成为第三波浪潮咖啡馆的基础设备，有些地方甚至完全弃用批量调制咖啡机，每一杯咖啡都是用手工方法制成。更有一小部分的咖啡馆甚至都已完全不提供意式浓缩咖啡了。美国咖啡师冠军赛也达成协议，从 2011 年开始加入了同样级别的手冲咖啡比赛。

教育

尽管并非每个第三波浪潮的咖啡商都会对教育大众研磨咖啡豆和手冲制作中的倒水手法感兴趣，但真正教会普通消费者区分咖啡的好坏，绝对是很多人的使命之一。一些人甚至愿意以财物损失为代价来做这件事，他们会在店内提供免费或低价的品尝活动，以及教育课程，或是在他们自己的网站上发布丰富的资料。对一些人来说，这就是传播第三波浪潮福音的实践，以让更多人进入单品咖啡、处理风格、更优调制方法，以及可持续生产的咖啡世界。而对另一些人而言，这么做的理由更为实际——他们的店里没有准备糖，也不制作意式浓缩咖啡，所以在引发一场小型的骚乱前，有必要让顾客理解背后的原因。

最重要的是，受到了充分教育并了解顶级咖啡制作流程的顾客自然会更乐意为此买单。

没有一种流行餐饮手工艺是孤立的

正如第一波咖啡浪潮是在电视餐崛起的过程中爆发的，第二波浪潮是随着晒制西红柿干一起出现的，所以第三波浪潮运动开始于腌制工艺时代的开端，很可能就不是巧合那么简单了。

第三波浪潮咖啡的很多特征，都和目前的流行趋势有着关联，即由大型食品公司渐渐转为小型的、本土的、季节性的并且可持续的细分市场。那些从农场到餐桌运动的餐馆，它们的菜单读起来就像是关于附近的食品生产者、农夫市集、觅食，以及手工啤酒的一份清单：看见没，它们都是互相关联的。这也是合乎情理的：如果人们外出就餐吃的是有机饲养并采用人道主义方式宰杀的猪，连盘子里的当季蔬菜也是种植在餐馆屋顶上的，他们回家路上就不会驻足那些跨国咖啡连锁店了（尽管讽刺的是，很多顶级餐馆供应的咖啡也一样糟糕透顶）。这是一个关于真实性和独特性的时代，对于路边的一家小烘焙店，要是它用的都是来自于玻利维亚某些遥远山区农场所生产的微批次咖啡豆，并且都是头一天进行的新鲜烘焙，你也实在没什么可挑剔的了。

需要认识的一些名字

所以，到底哪些人才算是第三波浪潮的咖啡人士？有三个名字你必须要清清楚楚毋庸置疑责无旁贷地去认识：反文化咖啡（Counter Culture），1995 年成立于北卡罗来纳州的达勒姆市；知识分子咖啡（Intelligentsia），同是 1995 年，在芝加哥成立；以及斯邓姆顿咖啡（Stumptown），1999 年创始于俄勒冈州的波特兰市。

在直接交易、单品种咖啡、全球范围搜集最佳咖啡的实践方面，这三家店都是最广为人知的先锋（一旦他们挑中了某款咖啡豆，所付出的价格也是出了名的高）。斯邓姆顿咖啡和知识分子咖啡在引领流行趋势方面很有影响力，并在全国范围的第三波浪潮咖啡馆中树立起从装饰风格到调制方式各个方面的标准。当然，这些店如今在第三波浪潮咖啡馆中都成长为巨头了（尽管如此他们仍在制作极好的咖啡，并继续发挥重要影响力）。更年轻、更小型，也更具野心的烘焙店和咖啡馆也一直不断出现，尝试突破现有模式，创造全新的流行趋势。

你应该在你所在的城市里找出了都是哪些人正在引领第三波浪潮。他们可能在冒险做一些真正酷的事情，而城市中其他人还在半信半疑地旁观，同时大口吞下手上的香草拿铁。我敢打赌他们做出的咖啡都棒极了。

嫌太长不想读的人，请看这里

其实你刚刚跳过整章内容直接就翻到结论这里了，对不对？好吧，都随你，但这么做只能算是自欺欺人。下面是本章全部内容经过极度简化后的表格版本。

咖啡滤滴浪潮

第三波	第二波	第一波
超浅烘焙	超深烘焙	中等到深烘焙
直接交易	公平交易	商品交易
不使用牛奶和糖	风味糖浆和搅打奶油	奶精
冰滴	咖啡冰饮	速溶咖啡加冰
单品咖啡豆	风味咖啡豆	劣质咖啡豆
手工调制	意式浓缩咖啡	泵式渗滤壶
斯邓姆顿	星巴克	福尔杰咖啡

延伸阅读

>《杯中上帝：令人着迷的完美咖啡之旅》(*God in a Cup: The Obsessive Quest for the Perfect Coffee, Michaele Weissman*)是一本非常棒的有关 21 世纪头十年的中后期第三波浪潮咖啡发展的第一手探索材料，由美食作家麦克乐·魏斯曼著作。她在书中

简要描述了反文化咖啡、斯邓普顿咖啡，以及知识分子咖啡这些产业的领头羊——当时正值这三家都达到了它们的格调水准和影响力的巅峰——作者花费大量时间去访谈绿色咖啡的生产者和购买者，对咖啡的直接交易，在利弊两个方面坦率地讲述了自己的看法。

> 《蓝瓶子手工咖啡：种植、烘焙以及饮用，附配方 》（*The Blue Bottle Craft of Coffee: Growing, Roasting, and Drinking, with Recipes, James Freeman*）（www.bluebottlecoffee.com）这本精装书可爱得可以作为桌案上的摆设，主要是从蓝瓶子咖啡创始人兼烘焙师詹姆斯·弗里曼的视角出发而撰写的。尽管影响力不及刚刚提到的三家咖啡烘焙领域的巨头，但对旧金山海湾地区的咖啡圈来说，蓝瓶子咖啡的影响颇为深远，并且也成为今天的第三波浪潮中上规模有名气的名字之一。这本书在种植、烘焙以及调制方面有很多非常宝贵的实用知识内容，但我觉得它最好的部分还是弗里曼本人在精品咖啡世界里的旅程故事，这些故事和他对咖啡豆

的个人哲学观一样非常精彩。书里也给出了蓝瓶子咖啡店绝佳的曲奇配方。我可不是开玩笑的：他们的曲奇简直能够改变人生。

Sprudge（www.sprudge.com）一开始是从一个妙趣横生的咖啡八卦博客发展而来的，但已经成了全美乃至全世界第三波浪潮咖啡最佳的信息源。它绝对是你了解产业文化和那些响当当的名字的好工具，借助它你就能在你的交际圈里最早掌握所有最新最好的咖啡馆和烘焙店的信息。另外，它还有关于猫咖啡馆全面到令人惊叹的内容。

> 《新鲜一杯》（www.freshcup.com）是一本专门针对精品咖啡和茶产业的杂志——主要是围绕销售层面。其中有些内容可能只有专家才感兴趣（最新的一篇文章标题是"如何在你的咖啡馆中最好地配置桌子、椅子及其他"），但它也有很多关于新潮流、新技术，以及咖啡农场新闻方面的文章，足以引起非专业人士的兴趣。同时官方网站上有很多免费的内容。

咖啡极客

> 同样，《咖啡师杂志》（www.baristamagazine.com），对行业的洞察力更为深入，而它关于其他国家咖啡圈的报道，为研究精品咖啡世界的发展提供了一个新奇的视角。它的新刊都能在网上免费获取，虽然在线版的手翻书形式有点莫名其妙。

3. 咖啡是什么

总有那么一次，你和某人一起去餐馆就餐，而你恰好很不希望在此人面前丢脸，偏偏此时他／她说："噢，你来挑酒吧。"于是你看了看菜单，终于意识到上面全是你压根不认识的法语和意大利语。你只好在里面挑了个恰好知道确切发音的名称告诉服务员，努力让自己听起来很有底气。"告诉我这个迪莫拉索……嗯……嗯哼……对，听起来不错。"不管他们如何回答，你能说的也就这样了。或者，你去到一些异常"古怪"的手工酿造啤酒吧，而你不得不在名叫 Grodziskie[①] 和另一种叫作 gruit[②] 的东西之

---

① 波兰的啤酒品牌。
② 一种古老的植物混合药剂，以增加啤酒的苦味。

间做个抉择。天呐，甚至精品巧克力也遍布了 Chuao[①]、Porcelanas[②] 这样的陷阱。

所以第三波浪潮的精品咖啡馆同样如此。你在家门口附近没多远就能找到一家咖啡馆，在那儿能喝到口感绝佳的咖啡，它们都是来自于某个地图上无法找到的小型家庭农场。但当你向咖啡师要一杯咖啡时，对方接下来的回答很有可能就要让你难办了："好的，你是想要耶加雪啡还是韦韦特南戈？"

实际上，咖啡师可能会很乐意告诉你那些名词的含义都是什么，以及它们尝起来味道如何。但如果你想真正理解，还是需要具备一些地理知识，以及一些关于咖啡种植和加工处理的信息，在本章你会找到很多这类问题的答案。举个例子：只要你知道耶加雪啡是埃塞俄比亚的一个地名，起码你就知道耶加雪啡咖啡是种植于高海拔地区的，它的风味里可能含有饱满的、明亮的鲜花或水果香气。一旦你知道了耶加雪啡地区的咖啡豆采用的是典型的水洗加工方式，你就能理解它会带有适中的酸度，以及非常好的透明感。而一旦你确切地熟知了耶加雪啡每

---

① 委内瑞拉的一座小镇，也是 Criollo 可可豆的著名出产地。

② 100% 纯 Criollo 品种被叫作 Porcelana。

个细微的特质，你就能理解为何总有人将它吹捧为一种独一无二的具备精致香气和蜂蜜甜味的传家宝咖啡品种（心里知道就行了，不用非得说出来）。

你有足够多的理由去搞明白如何将咖啡豆磨粉制作成你所喝到的咖啡：对于咖啡你向来只是简单地消费然后转头就忘了，要知道多少悲惨的第三世界农民为它而承受的磨难；或是为了能和你喜爱的咖啡师谈论关于不同烘焙风格的细微差别；甚至只是为了纯粹地满足你对世界的好奇心。即便以上种种理由都不足以令人信服，继续读下去，至少你能学会 Huehuetenango[①] 的发音（"way-way-ten-an-go"，不用谢），下次点这个咖啡的时候就别再像个"菜鸟"了。

认识咖啡

如果你是那种死板又爱卖弄的人，特别享受于不断提醒朋友并为此沾沾自喜：牛油果其实是种水果，花生其实

---

① 韦薇薇特南果，危地马拉的一种优质品种咖啡。

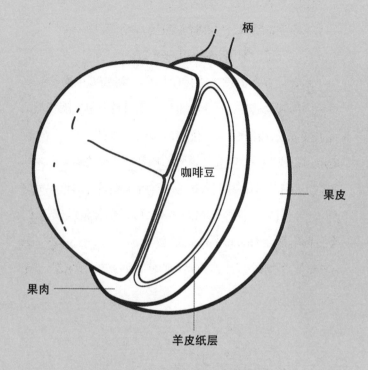

柄

咖啡豆

果皮

果肉

羊皮纸层

咖啡"樱桃"内部

是豆类，而朝鲜蓟其实是花，那么现在，你又多了一个能成功招致厌烦的项目：咖啡豆其实不是豆子，而是种子。尽管咖啡豆看起来是挺像豆子的——这大概就是之所以管它叫作咖啡豆的原因——但事实上它们是咖啡树果实的种子——这种果实通常被叫作"樱桃"但实际上是一种浆果①。没错，你以前知道的一切都是谎言。

从农场到你的胃中，一颗咖啡豆的生命历程都浓缩在小小的种子里：长着"樱桃"（在这里我会最后一次用上吓人的引用号，我们算达成协议了）的咖啡树都是一些小型树种。农民收获采摘这些果实后就会把咖啡豆剥离出来。之后，咖啡豆就被装运起来再送到烘焙师手上，烘烤出漂亮的棕色。最后，你就可以从烘焙师那里买到咖啡豆了。

当然了，完整版的故事可比这复杂多了，处理过程中的每一步都有着不同的影响因素——咖啡豆的生长地、处理方式、烘焙技法等等——最终都会通过一杯咖啡的品质而表达出来。

---

① 樱桃的果实类型为核果，并非浆果。

樱桃炸弹

咖啡樱桃在咖啡种植国家以外的区域是没有市场的（听说它们尝起来只是一种普通的甜味）。但最近它们在西方国家的境遇有了一些变化，一种名叫 cascara[①] 的茶是用干燥处理的咖啡樱桃制作的。这种茶在也门和玻利维亚似乎也受到欢迎，另外美国一些新潮的咖啡馆也开始供应和售卖了。cascara 茶尝起来跟一般的咖啡没有任何共同之处——口感非常水润多汁——它的咖啡因含量并不高，但是它具有教育和可持续发展上的意义，味道也确实不错。

[①] 来自西班牙语，意思为"壳"。

植物识别

咖啡属植物下面包含一系列不同的种和变种，但真正需要关心的只有两种。全世界咖啡最主要的产量都来自于阿拉比卡树种，也正是它能产出最好的咖啡豆。余下的树种基本上都是罗布斯塔了，它的咖啡豆品质很糟糕，尝起来既苦涩又沉闷。

那究竟为什么居然还有人种植和售卖罗布斯塔呢？一开始，就像它的名字所暗示的[1]，罗布斯塔树种更为健壮。相比阿拉比卡，它的抗病性更好，并且能种在较低的海拔区域，产量也更高。这一切都意味着：种植罗布斯塔的成本更低。当咖啡价格走高，经济环境恶劣时，罗布斯塔豆历史性地发展成为拼配豆也并非偶然。它还一直是速溶咖啡的主要原材料，大概是因为反正速溶咖啡怎样都不会太好喝，又何必浪费钱用优质的咖啡豆呢？

另外还有一个原因，罗布斯塔豆制作的意式浓缩咖啡会有更多的咖啡油脂（crema）——即浮在咖啡表面的薄薄一层金色泡沫，意式浓缩咖啡的爱好者们皆为它疯狂。

咖啡极客

---

[1] 罗布斯塔（robusta）和英文的健壮（robust）字形很相似。

因此很多意式浓缩咖啡的拼配豆里会加入罗布斯塔豆（当然价格也会更低），尽管如此，很多烘焙师仍相信这么做并不值得。

当然也不是所有的阿拉比卡豆都是高品质的，种植环境和处理方式都有可能毁了咖啡豆。但就罗布斯塔豆而言，你做再多努力也不可能提升它的价值。

阿拉比卡的一千零一夜

大概你会觉得只需了解两种树种就足够了，不幸的是，事情可远没你想象得那么简单。阿拉比卡有着非常多的各具特色的变种。下面是值得你去了解的几种变种：

迪比卡（Typica）：最初，欧洲人在世界不同地方种植的咖啡树种正是迪比卡变种，其他大部分咖啡变种也是从它衍变而来。它基本上就是咖啡变种中的雏鸟乐队[1]，它是咖啡世界的埃里克·克莱普顿、杰夫·贝克，以及吉米·佩吉[2]的成长摇篮。

---

① The Yardbirds，英国乐队，组建于 1963 年。

② Eric Clapton，Jeff Beck，Jimmy Page，都曾是雏鸟乐队的成员。

波旁（Bourbon）：18世纪初期，法国人在波旁岛（即今天的留尼旺岛，在马达加斯加岛边上）上种植了一些迪比卡。它通过突变衍化为独具特色的变种，产量得以提升，而尝起来常伴有一丝微甜。之后，波旁（发作"burr-bone"的音，作为酒名时的发音跟这不太一样）咖啡便在世界各处放浪形骸，留下了不少（变）种。

帕卡马拉（Pacamara）：帕卡马拉是个乱伦产物的真实案例。它是帕卡和马拉戈日皮的杂交种，前者是来自萨尔瓦多的一种波旁的天然变异种，而后者是来自巴西的迪比卡天然变异种，帕卡马拉以其较大的豆形而闻名。帕卡马拉的母亲是它父亲的阿姨，这就是前面所说的乱伦。

埃塞俄比亚传家宝品种（Ethiopian heirloom varieties）：还记得欧洲人是如何将一些迪比卡种及其后代或变种带出也门并播撒到全世界的吗（有意思的是，如同欧洲贵族的家族史一样，全世界的咖啡树几乎都是路易十四所拥有的那棵咖啡树的后代）？但你应该还记得埃塞俄比亚的本土咖啡是如何种植起来的吧？埃塞俄比亚仍有几千种并非是那些迪比卡后代的土生土长的咖啡品种。不幸的是，人们对这些本土品种的植物学研究少之又少，因而更倾向于将它们宽泛地以生长地来区分，例如，哈拉尔、锡达马，以及我们的老朋友耶加雪菲。

瑰夏（Gesha，有时候写作 geisha）：瑰夏被认为是来自埃塞俄比亚，但近些年，它被种在了中美洲和南美洲——尤其是在巴拿马。瑰夏为人所熟知的主要原因是，它是市场上叫价很高的品种之一（在 2010 年有些很好的瑰夏生豆的价格一度高达每磅 170 美元），受追捧的原因一方面是它的稀缺和独特，另一方面来自于它具有的迷人花香和甜美。

SL-28 和 SL-34：并非所有变种都是自然突变而来——有时候它们是实验室的产物。肯尼亚热衷于人造变种，最为著名的就是 SL-28 和 SL-34——由一家名叫斯科特实验室的公司所创造。SL-28 具备抗旱特性，而SL-34 能在暴雨中茁壮成长。这两种品种都有着珍贵的多汁水果风味以及丰富的酸度。特别是 SL-28 有着与众不同的黑加仑香气而被广泛认为是两者之中更好的。

帝汶（timor）杂交品种：19 世纪，荷兰殖民地印度尼西亚土地上的咖啡树惨遭叶锈病感染而大量灭绝。因此很多人都用罗布斯塔豆进行大规模的替换，可以想象当时的荷兰人不得不忍受着咽下这种非常糟糕的咖啡。最终，帝汶岛上的一些阿拉比卡和罗布斯塔树种相邻而生，自然而然地产出了杂交品种。这种杂交品种具备罗布斯塔的抗病性，但也不幸地继承了罗布斯塔的糟糕口感。然而，正因为它有着部分阿拉比卡血统，能够与其他阿拉比卡种进行杂交繁育，从那时之后就一直被用来培育提升口感的同时也保留一些抗病能力的杂交种。它就是这么一位没人愿意承认的尴尬的祖先。

咖啡树种植

现在我们算是知道咖啡品种意味着什么了。但同样有影响的是咖啡品种的生长地。和葡萄酒很相似，来自不同地方的咖啡具有不同的"风土"——这个做作的词主要用来指代一个地区的土壤、气候，以及地形所给予当地作物独一无二的特性。勃艮第的霞多丽与加利福尼亚的霞多丽就不会是一样的风味，而生长在卢旺达的波旁也和萨尔瓦多的波旁有所差别。纽约客会告诉你纽约本地制作的贝果面包[①]的风味是独一无二的，即便这种说法

---

① bagel，纽约流行的一种面包圈，外壳松脆内里充满嚼劲。

很可能只是扯淡。

只要一个地方有充足的阳光、雨水，没被森林完全占据，就能够种植咖啡树。但如同种植用以酿酒的葡萄，你要想获得好的咖啡就只能在特定地区种植咖啡树。美国的南达科塔州有一些葡萄酒庄园，但并不意味着那儿就适合种葡萄。所有高品质的咖啡产区都大致位于南北回归线之间，即众所周知的"咖啡带"（如果你感性地联想到下加利福尼亚州、墨西哥，南到圣保罗、巴西，这就是要义所在），另外产区需要高海拔位置——一般都在 3000 到 6000 英尺，甚至更高。

高处不胜寒

即使在 3000 到 6000 英尺的海拔范围内，高度的不同也会产生显著的影响。大部分生长在低海拔（针对前文所说的高品质咖啡，3000 英尺算是比较低的海拔）的咖啡树都不需要费什么劲儿。它们几乎全天都沉浸在阳光中，很快成熟，然后变软。因为并不需要奋力求得生存，而作为结果，它们的咖啡豆只能获得相对温和且沉闷的风味。

拉丁美洲　　　　　　非洲　　　　　　亚洲

咖啡带

它们是一群花光了信托基金的孩子——空有潜力而行动不足。

高海拔的咖啡都是幸存者。山顶上的咖啡树苦苦挣扎在时而天寒地冻时而酷热暴晒的艰难环境之中。很少有咖啡树果实能挺过这种环境，但是成功熬过去的那些咖啡的果实都是很彪悍的，它们的奋力争取和自我积累最终得到了明亮的水果风味。当然，凡事皆有例外，例如一些低海拔的巴西咖啡豆也是很好的。嘿，有时候你只想简单地放松一下，不妨试试一杯质朴柔和的低海拔咖啡。但总体来说，海拔越高，咖啡豆的品质越好，这几乎是一条普适定律。

采摘的季节

尽管一年四季你都能买到某些品种的咖啡，但就像蓝莓和职业曲棍球赛一样，咖啡树的生长是季节性的。因为咖啡遍种于世界各地，当季咖啡总是能找得到——巴西的农民一般在 5 月采摘咖啡，而夏威夷的农民则要等到 10 月——但是特定产区的咖啡只有在一年中特定时期才能买到。

你会了解到，从开始采摘咖啡樱桃到咖啡豆最终到达烘焙师手上，会有一段很长的必要的时间——不像羽衣甘蓝一经采摘第二天就能出现在农夫市集上。因此，当地咖啡店的当季咖啡实际上是几个月前采摘的。这些咖啡豆只能在一段有限的时间里供应，之后烘焙师便会换到下一个正值当季的咖啡产区。

不轻松的采摘

下次当你抱怨 10 盎司一袋的咖啡要卖 14 美元时，稍稍想一想那些咖啡生产链底端的人们，他们不得不用手采摘一颗一颗的咖啡果实。我们假设一袋里有 2600 颗咖啡豆，来自于 1300 颗咖啡樱桃。每一颗咖啡樱桃都由农民亲手采摘获取，这是一项极其艰辛而又费时费力的室外劳动。最好的农场更为挑剔，只采摘旺季的最佳果实，而咖啡樱桃成熟期各不相同，因此农民不得不反复回到同一株咖啡树寻找变熟的果实。大部分时间，这些农民只能按照各自所采摘的果实来换取报酬，而不是根据佣金或劳作时长。

咖啡豆的处理方式

将咖啡豆剥离开咖啡樱桃可能听上去相对简单，实际上却包含很大的工作量，而不是随便咬一口然后吐出果核（我是说，你可以这么做，但得到的咖啡豆就不会有多好了）。咖啡果实一旦被采摘，就需要花时间进行处理以获取咖啡豆，再交给烘焙师。有几种不同的处理方式，每一种方法都会对最终呈现出的口味产生显著影响。

日晒处理

也被称为自然处理，这是最古老也最简单的方法。具体做法是首先将采摘的果实清洗干净，然后铺放在垫子或者露台上，经过几个礼拜的日晒而自然风干。果实晒到脱水干燥后，就会被送往专门的机器以剥离干瘪的果肉。

长时间的干燥处理过程会给予咖啡豆丰富的甜度和

浆果风味，而最终出品的风味通常会被描述为狂野的，具备独特性的。但是"狂野"也可能是坏事——日晒的过程很难控制，会有咖啡果实发酵或变质的风险。

水洗处理

对于有充足水资源的咖啡生产地（大多都很缺水）而言，这种方式——也被称作湿处理——变得越来越流行，得到很多咖啡种植者和烘焙师的青睐。咖啡果采摘后，经由机器去除大部分果肉，只保留咖啡豆外面的薄薄一层，而这一层果肉有个令人倒胃口的名字——"黏膜"。

接着，就要用到以下两种方式之一：传统做法是将咖啡豆放进水池中，但现如今人们用一种名叫"黏膜刮除机"的机器来替代传统方法，用来擦洗掉黏膜层。无论咖啡豆是通过哪种方式被剥离出来的，接下来都要进行干燥处理，同样也分日晒干燥和机器干燥两种不同方式。

相比日晒处理的咖啡豆，水洗咖啡豆具有更为明显的酸度、更轻的醇度，以及更加干净的整体风味。

半日晒处理

也被称为半水洗法，蜜处理，或者 semi-lavado[1]（别急着上网查这个词是啥，Google 只想要说服你你要找的其实是黛米·洛瓦托[2]），混合了水洗处理和日晒处理。开始的步骤跟水洗法很像——果实采摘后再去掉果肉——然后换为日晒处理——将还保留着黏膜的咖啡豆置于日光下晒干。这样制成的咖啡的特质也介于水洗和日晒之间——保留了水洗咖啡的干净风味，又兼具日晒咖啡的甜度。

湿刨

很多（非全部）印度尼西亚咖啡豆是通过一种叫作"湿刨"（印尼语中叫作 Giling Basah[3]）的独特方法处理的。开头部分跟你所知道的水洗法很像，先是去浆（去除果皮果肉），然后发酵（去除黏膜），再就是进行干燥处理。但是咖啡豆不会休息太久，它们悠闲晒太阳的过程会被机器打断，目的是去除剩下来的羊皮纸层[4]。这之后，它

---

① semi 表示"半，部分"，lavado 是西班牙语的"洗"。

② Demi Lovato，美国流行歌手。

③ 直译为"湿条件下刮去硬壳"。

④ parchment layer，咖啡生豆外边包覆的一层薄膜，也被叫作银皮。

们还要放回去继续干燥——但它们已经发生了改变。

好的一面，湿刨法能给予咖啡一种泥土和森林的风味；而坏的一面，咖啡会产生霉变并且有某种臭味。即使一切流程完成得很好，最终成品也不会是普罗大众喜欢的那种咖啡类型。

猫屎咖啡

等等，不是有一种咖啡是来自于野生猫科动物的排泄物吗？你已经很接近了——这种由印度尼西亚和菲律宾地区的麝猫吃下咖啡果实继而排出的咖啡豆，被称作猫屎咖啡。曾经这只是那些地方的一些野生麝猫干的事情，当地人拾到这些咖啡豆然后带回去使用。但到了某个时刻，一些外国人抓住了这个现象，用"充满异国情调的"处理"技艺"这样的字眼使它传播开来，并宣扬麝猫只挑选最好的成熟果实，而它们的胃酸会给这些咖啡豆一种独特的风味。突然间，全球市场都开始追捧猫屎咖啡。这种咖啡豆自身的稀缺性也造就了它的超高价格，有关"猫拉出来的咖啡是如何卖到 30 美元一杯的"之类的新闻也得到了病毒式传播。另外，欧普拉的节目上 [1] 提到过

---

[1] Oprah Winfrey，美国最具影响力的电视节目主持人之一。

它，又进一步推动了市场需求。

而真实的猫屎咖啡是：大部分精品咖啡专家一致认为，它不过是种品质一般的咖啡罢了。如果这还不足以让你死心，你得知道，大部分猫屎咖啡所来自的农场，是将麝猫关进笼子，除了咖啡果实什么都不给它们喂食，因为事实上根本不会到处有野生的猫屎咖啡。很多被标识是猫屎咖啡的其实是仿造——这项产业一直缺乏监管。

咖啡的起源

但是我们稍微退一步来看。总的来说，这些咖啡产区到底在哪儿，以及它们所产的咖啡口味究竟如何？我也希望我能准确地告诉你"哥伦比亚咖啡喝起来怎样怎样，印度尼西亚咖啡喝起来又是怎样怎样"。但你已经知道咖啡风味是随着咖啡品种、处理方法、海拔高度的不同而有显著区别的。同样，不同国家不同地区生长的咖啡也会有不同的风味。

想一下印度尼西亚（如果你对它没什么概念的话，就请打开 Google 地图；它只不过是世界上人口密度排第四的国家）：基本上，印度尼西亚就是铺展在亚洲版图底边的一群大大小小的岛屿。你喝的咖啡中一部分来自它的北苏门答腊岛，另外，苏拉威西岛也有咖啡种植。那些岛被马来西亚分隔开 1800 英里。同时，墨西哥与危地马拉主要是在它们的边界线上种植咖啡，但我们不要把它俩混为一谈。

需要提前进行警告的是，以下关于特定产区咖啡的叙述都只是笼统的概括——对于它们你所能找到的香气和风味——但是你会遇上非常多的例外。这绝不是一个咖啡生产区的详尽名单——一些属于世界上最大的生产国行列的国家，像越南和印度，都不在其中。当然了，以下所列举的产区，都是目前你最可能找到的排列着旧棚木改造的架子的第三波浪潮咖啡店的起源。

南美

当你想到南美洲咖啡，想一想安第斯山脉。大部分哥伦比亚、秘鲁以及玻利维亚的咖啡是沿着山脉种植的，这使得它们中的一部分是世界上最高海拔的咖啡——有些玻利维亚农场的地理位置高于海平面以上 8000 英尺。尤其是水洗咖啡，它们会变得很甜，并有温和的酸度和中

咖啡极客

67

等的醇度。或许你还会闻出和尝到些许坚果、蜂蜜、焦糖、香草以及糖浆的风味。

巴西是个例外，作为世界上最大的生产国（尽管主要原因是低成本和大规模生产），它的情况十分不一样。和邻国不同的是，巴西咖啡主要种植在低海拔地区，处理方式主要是日晒或半日晒，因而巴西咖啡在酸度和干净度上相对更低。因为它具备温和、偏甜、巧克力风味的特质，所以经常用在制作意式浓缩咖啡的拼配豆里。

中美洲

当人类最终变得只需要整日静坐，生活离不开沙发，互动只通过 Snapchat①，而进食也简化为摄入药物状的食物时，可能，药物状的咖啡尝起来会和中美洲咖啡很像。由于地理位置相近，大多数美国人认为中美洲咖啡就是典型的"咖啡"风味。这并不是说中美洲咖啡就是普普通通毫无特色的，恰恰相反。危地马拉、巴拿马、萨尔瓦多以及哥斯达黎加所生产的一些咖啡是品质最好的，另外，洪都拉斯、尼加拉瓜以及墨西哥（对，我知道墨西哥是

① 由斯坦福大学两位学生开发的一款照片分享应用。

在北美洲，但它的咖啡主要种植在国土最南边，可视为中美洲）也生产一些不错的咖啡。

长在高海拔并且通常采用水洗方式处理的中美洲咖啡，它们的风味常常像是一种水果和坚果巧克力条——而且有极好的平衡度，轻度到中等的醇度，有着水果的甜味和明亮的酸度。

一种特殊的例外就是前文提到过的瑰夏品种——当今咖啡世界的宠儿，起源于巴拿马，现如今已遍布整个美洲大陆。瑰夏咖啡拥有强烈而复杂的馥郁花香，每年都会冲击久负盛名的最佳巴拿马咖啡竞赛，并且在市场上获得高昂价格，瑰夏与中美洲大多数的咖啡品质都很不一样。

当品尝中美洲咖啡时，你可能会识别出巧克力、坚果、焦糖、香草以及柑橘风味。而面对瑰夏时，你会获得鲜花、香水、蜂蜜、热带水果、柑橘以及浆果的风味。

北美洲

像是圣诞节装饰和美国国旗，咖啡也是一种能够美国本土生产的东西，但实际上货架上是很难找到美国产的咖啡。夏威夷是美国唯一能够种植比较好的咖啡的地方——

而且只有夏威夷一些特定的区域——因此产量很低。那儿的种植者不得不以第一世界的价格和薪酬来生产。结果导致了夏威夷咖啡的价格非常高，甚至美国顶级烘焙师都这么认为——而他们大多数都认为夏威夷咖啡不值这么高的价格。虽然我话是这么说，然而，拜托，毕竟它是美国咖啡，你能在线从远在阿洛哈州的烘焙师那儿直接买到咖啡，这还是足以让你激动的（你会经常在商店货架上看见标着"科纳拼配豆"或"科纳风味"的咖啡豆，但这些其实是个骗局，它们通常包含 10% 的夏威夷咖啡以及 90% 其他产地的咖啡）。

夏威夷的部分岛上种有咖啡，并且各具特色，以及相应的处理方式。但其中最有名的还是科纳咖啡，因其拥有中等稠度、花香、果香，有时还会非常酸，尽管它们生长在相对低的海拔高度上。

夏威夷咖啡品尝和闻起来会有浆果、柑橘、热带水果、鲜花、香草以及酒的风味。

亚洲

绝大多数亚洲咖啡来自越南和印度，并且十分糟糕，以至于你很可能从没听说过越南或印度咖啡（尽管最终你可能还是听到了；显然，这两地现在也都开始生产稍微没那么糟糕的咖啡了）。

只有从印度尼西亚、巴布亚新几内亚或是东帝汶，你才能找到属于精品咖啡世界的货品。我们已经探讨过印度尼西亚的湿刨处理方法——这种处理工艺能让咖啡拥有泥土和霉味的特质，有时甚至像是一种野草的气味（所以基本上，和你那些从印度尼西亚徒步旅行回来的朋友身上的气味差不多）——但不是所有印度尼西亚咖啡都是以湿刨法处理的，东帝汶或巴布亚新几内亚也并非都是。它们通常是通过水洗或半日晒方法处理，风味从辛辣芳香到甜蜜水果味都有所分布，西方人通常将这类风味称为"异域风味"（exotic）。

闻和饮用印度尼西亚咖啡时，你能感受到草药、肉桂、烟草、皮革、木头以及苦甜巧克力味。此外，新几内亚咖啡还有热带水果、柑橘、香草和花香的成分。

非洲

埃塞俄比亚在咖啡领域的地位，就像奥运会篮球赛场上的美国队。当然其他国家队也会有一两个明星球员的，但篮球可是诞生于美国的，而咖啡正是诞生在埃塞俄比亚。其他咖啡生产国花了一两百年时间种植以及处理为数不多的咖啡品种，而埃塞俄比亚却有着数以千计的本地品种，并且已经有几千年的种植历史。这样看来，要去概括埃塞俄比亚咖啡，就好比将整个 NBA 的打球风格概括成一种。但不妨试一试好了。我们可以粗略地以两种主要的处理方式来划分埃塞俄比亚咖啡。经过日晒处理的埃塞俄比亚咖啡，如东部地区哈勒尔产的咖啡，通常包含着野性的甜蜜水果风味，也常被比作蓝莓或葡萄酒味。而水洗处理的埃塞俄比亚咖啡——常见于锡达马地区，以及其中著名的耶加雪菲亚区域——有着更轻柔的醇度，特别是耶加雪菲，它被定义为紧致的花香味和柠檬的酸度。

在肯尼亚，咖啡处理是非常重要的一件事。在这个国家，咖啡豆被浸泡过之后，会有两道发酵程序。再加上前文所提过的 SL-28 和 SL-34 品种，这就是大多数肯尼亚咖啡了，你喝到的口味就是典型的紧致的酸味，但同时也有甜水果味，经常还会有葡萄酒的黑加仑风味。

布隆迪和卢旺达咖啡都和肯尼亚咖啡很接近，虽然稍稍更柔和一些，有时候还会有少许花香和埃塞俄比亚风格。

独自一杯

像百货店里包装出售的一次性剃刀，每个咖啡果实里的咖啡豆都是买一送一。但有些时候——大概是5%的概率——一些咖啡豆会发生变异，你就只能得到一颗但形状更圆的咖啡豆。这种咖啡豆即是通常所说的"圆豆"（peaberry或叫作caracol，这个西班牙词语的意思是"蜗牛"）。有时候不同产区的生产者会将这种咖啡豆分离出来，作为独特的产品来卖（通常会配上一个明显更高的价格）。但或许没有哪个产地能像坦桑尼亚一样能弄出这么多，以至于很多人脑海里的坦桑尼亚咖啡和圆豆咖啡基本上是同义词。它们真的和普通的坦桑尼亚咖啡（大概接近于布隆迪和卢旺达产的咖啡）有区别吗？一些人认为它们更为复杂，似乎风味更加光亮，但有些人并不以为然。不管怎样，它们都没有什么令人震撼的特别之处，完全没有。生产者经常从常规收获物里挑出圆豆，是因为它们特殊的大小和形状会使其采取的烘焙方式和普通咖啡豆有所区别。

生豆处理

现在我们已经完成了所有咖啡产地的简明世界之旅，接下来让我们回到生产处理环节。

咖啡豆需要完成所有在农场范围内进行的处理过程（这个阶段被称作"浆果湿处理"〔wet milling〕），但需要顺便一提的是，它介于水洗处理和湿刨之间，而这个词本身对理解它的真实含义完全没有帮助。接下来发生的阶段的名字更会让你震惊，被称作"生豆干处理"（dry milling）。这个阶段完成后，通常会将咖啡豆静止贮存上一个月左右的时间，使得它们的含水量稳定在一个水平上以适宜贸易旅行和烘焙过程。这时候的咖啡豆仍然有薄薄一层羊皮纸层包裹着它们，所以储藏结束后，咖啡豆就会被送去研磨掉这一层。完全剥离掉所有外层物质的裸露咖啡豆，就是人们通常所知道的"生咖啡"或"生豆"（确实，一般这个阶段的咖啡豆看起来都是绿色的，但有时候也会有一点蓝色或灰色掺杂其中）。然后，会通过手工或机器按照大小和密度来对咖啡豆进行分类，残次豆——有着不合适的尺寸、颜色，被虫子咬过的——都会被剔除。完成这些之后，咖啡豆就可以进入烘焙流程了。

货运

当然了，在进行烘焙之前，咖啡豆还得真正送达烘焙店才行。联邦快递的隔夜业务可不算是个好选择。咖啡的货运是要在各个港口和船上度过几周或是几个月，才能抵达美国，然后还要继续跋山涉水最终到达某个仓库，才能被你最爱的那家本地烘焙店拿到手。这些都不是你作为一个消费者需要操心的事儿，整个过程就是一次赌博，因为咖啡豆可能会被潜在的延迟、高温、潮湿或糟糕的储藏条件所毁坏，甚至完全报废。

削减咖啡因

直到科学家研究出来如何种植比较好的无咖啡因的咖啡豆，制作脱因咖啡都意味着要将处理完成后的咖啡豆再进行去除咖啡因加工（但通常都是在送往烘焙店前进行的）。为此，有几种方法可以采用，有些是化学处理，但大多好的烘焙店会选择更为环保的水处理。

（极为）粗略的描述：将生咖啡豆泡在水里以萃取出咖啡因，但咖啡的主要风味和油脂也会一同融进水中。而用浸泡完一批生咖啡豆的水去浸泡下一批时，就会只有咖啡因被滤出，这能很好地将问题本身又转变为一种解决方案。出水后的咖啡豆随后会被浸在自然油脂中，尽管咖啡因被除去，然而大部分风味得以保存。

如果这些描述对你毫无意义，那么看看这家明明来自加拿大却又令人费解地叫作瑞士之水的脱因咖啡公司负责了美国很多精品咖啡的脱因处理工作。相比我的文字描述，他们的网站（www.swisswater.com）上有一段很好的动画视频能帮助你理解整件事。

成品烘焙

假设我们的咖啡豆并没有在从卢旺达到旧金山港口再到你的城镇的这段旅途中的某个地方丢失或毁坏。它们一经抵达，烘焙店会先采样少量的咖啡豆进行杯测（见第4章，"咖啡杯测"部分），这样做用来确保它们没有损坏，并决定出针对特定批次咖啡豆的最佳烘焙方式——

需要突显出哪些风味和香气，同时又需要淡化哪些。知道这些很重要，因为两家烘焙店会就同样的咖啡豆做出完全不同的诠释（以及，事实上，如果你住的城市里有很多家烘焙店都共用同样几家咖啡经纪商的话，有时几款不同的烘焙设备会被用来加工同一批咖啡豆——烘焙商可能会觉得麻烦，但对咖啡控而言却充满乐趣）。

你可以把这看作蝙蝠侠电影——有自然朴实的亚当·韦斯特版，僵硬呆板的瓦尔·基尔默版，郁郁寡欢的迈克尔·基顿版，以及更加抑郁的克里斯汀·贝尔版（还有乔治·克鲁尼版，但最好还是忘了它）。尽管用的原材料都是一样，不同的编剧、演员以及导演共同决定了银幕上出现的是哪一款蝙蝠侠。你是想要这款咖啡豆更明亮简洁的亚当·韦斯特版呢，还是想要它更深沉复杂的克里斯汀·贝尔版呢？以及确定之后，你要如何做才能得到那样的效果呢？

烘焙，这回是真的了

一旦烘焙风格确定下来之后，就该着手准备烹饪了——对就是字面的意思。很多人认为他们买到的咖啡豆是跟糖或面粉一样的食品，经历了很多工业化的处理但还未烹饪过。对于烘焙店收到的生咖啡豆而言是这样的，没错，但是咖啡馆上架的零售咖啡豆却不同，它们已经经历了充满艺术技巧的准备过程，完全不亚于同一个柜台上摆放的不多的曲奇饼和手工甜甜圈。

咖啡烘焙机器有几种不同款式，但几乎每一家你路过的第三浪潮咖啡烘焙店都会用到一台滚转炉，所以我们也用不着费劲儿研究别的了（但要是你碰到一台运行着的热风式或流化床式烘焙机的话，一定要走到跟前去看看——观看咖啡豆在透明容器里上下翻滚的样子也是这些昂贵机器提供的乐趣之一）。这些机器有各种各样的形状和尺寸，可以用柴火、燃气或其他任何热源来加热，但最关键的特征是都有一个不断旋转的圆柱形金属桶，里面的咖啡豆随之不断翻滚，有点像干衣机。

大部分这样的桶形烘焙机都是非常低技术含量的——一个世纪以来它们的工作原理基本上都没变过，很多第三波浪潮烘焙店用的还是复古机型（可能也只是出于审美和省钱的理由）。当然也有一些新奇的工具和小玩意儿能起到某些作用，但咖啡豆最终的命运还是掌握在使用者的手里。熟练的烘焙师操作这些机器时像极了高级甜品师——遵循基本的菜谱，但也会全面调用自己的嗅觉、视觉以及直觉，来决定更换温度、改变气流，或是停止烘焙的时机，最终找到他们所追求的精确的风味和香气。

下面简要概括下烘焙过程中发生的一切：

放进咖啡豆

烘焙师准确称量所需的咖啡豆，然后装进烘焙机中。

开始加热

随着咖啡豆开始变热，豆子内部的水分蒸发出来。咖啡豆开始变黄或橘色，然后是一种浅棕色。到了这个阶段，它们吸收了很多热量，但只能这么多而不能再多了……

糖化反应

咖啡豆开始发生膨胀，颜色也更深。咖啡豆内部的淀粉碳水化合物开始转变为糖并产生焦糖化反应。

发生破裂

嘭！这可不是什么蝙蝠侠里的声响；当烘焙机内部的温度达到某个水平时，咖啡豆开始释放出所有积累的热量，发出爆破的声响。这就是一般所说的"初次破裂"。

继续破裂

从初次破裂开始，咖啡豆颜色变得越来越深，体积越来越大，而密度则会降低。当初次破裂完成后，咖啡豆会再次吸收热量，最终导致第二次热量释放和破裂。

再一次破裂

第二次破裂发生时，咖啡豆的颜色通常已经很深了，油脂溢出表面，咖啡豆的独特个性则隐于烘焙本身所产生的风味和香气之后了。传统型烘焙店大多都会做到这个阶段，但尊崇浅烘焙的第三波浪潮的烘焙店则常常在进行第二次破裂前就停止烘焙过程了。

冷却咖啡豆

当烘焙师确认咖啡豆已经完成工序，他或她就会将桶中的咖啡豆全部倒出来，置于冷却架上。一台风扇会对

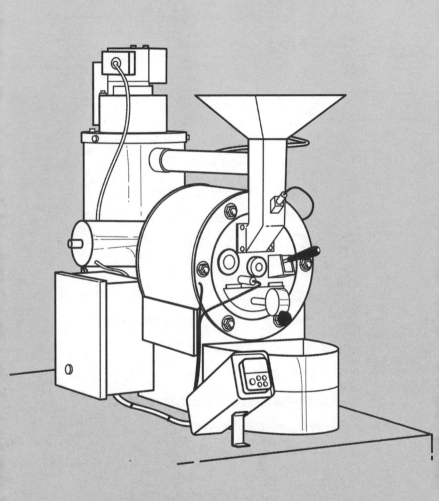

桶形烘焙机

着咖啡豆吹冷风，另外还有一根旋转臂会不断地翻动咖啡豆好让它们能够均匀地冷却。

送往市场

完成这一切之后咖啡豆已经准备好用来制作咖啡了。它们会被打包装好并送往咖啡馆和商店。

成为家庭烘焙大师

家庭烘焙是咖啡控们的一项特殊的亚类（如果普通咖啡控是"星际迷航"粉丝的话，家庭烘焙师就是那些写《星际迷航》同人小说的作者），其中一些内容已经超出本书讨论范畴了。可以说，完全没必要自己在家烘焙咖啡豆。多亏了那些不错的烘焙店已经扩张到全美到处可见，也很容易从网上找到，即便住在很偏僻的远郊，你都能买到直接送货上门的优质咖啡豆。但如果你就是想要跳进这个兔子洞——无论是因为对科学的兴趣，为了可持续性，想要省钱，制造生日惊喜（确实可以做到），还是你想要房子里弥漫着森林大火的味道，真的动起手来做这件事并没有多困难。一些城市里会有卖生豆的店，但很多人还是会选择在甜蜜玛利亚的店（www.sweetmarias.com/store）或是烘焙大师（www.roastmasters.com）这些网站上购买，它们两家都出售家庭烘焙设备。

家庭专用机器的价格从110美元的入门级空气烘焙机到1250美元的桶形烘焙机都有，如果你只是单纯为了乐趣和满足好奇心想对烘焙练练手而已，你大可不必真的买一台。家用爆米花机其实就能满足你的需要——灶台型的Whirley Pop爆米花锅和最常见的电力空气爆米花机都是可选的——甚至只用烤箱都可以。如果你想试试看的话下面是一份粗略的操作指导：

燃气炉烘焙

没错，燃气炉就能搞得定。你还需要少量的生豆（一磅的价格通常在5美元到10美元之间），一个带孔烤盘（烤盘上有很多小孔；如果你还没有的话，要么去厨具商店购买，要么就向你那位应有尽有的邻居阿姨借用），金属滤网。很可能你需要把窗户全打开——整个过程会产生很多烟。

1. 将烤箱预热到 500 华氏度（或是 450 度，如果你用的是对流式烤箱）。

2. 将咖啡豆展开铺平在烤盘上（只在有孔的位置上）。

3. 当烤箱已经准备就绪，将烤盘送进去固定在中间位置。

4. 大概几分钟后你应该就能听到从不知道哪颗咖啡豆中发出的第一次破裂的响声（对流烤箱的话可能需要更久一点），可以看到咖啡豆开始渐渐变棕色。

5. 再等几分钟后，要么将烤盘取出（请戴手套操作！），要么也可以再多等几分钟直到咖啡豆变成你想要的着色程度（不要等太久才取出来，因为咖啡豆出烤箱后还会继续烘焙一会儿）。

6. 将咖啡豆倒入滤器中，站到水池前或是在室外，摇晃滤器。这能让咖啡豆冷却下来，同时去除外壳（即那些没有被磨干净的剩下的一点点果肉），这些操作都会把周遭弄得一片狼藉。咖啡豆冷却得越快越好。

延伸阅读

>Stoneworks（http://auction.stoneworks.com）是一个

用以交易世界顶级生豆的拍卖平台。你可以查看过去的拍卖结果，了解优质批次豆过去都是以什么价格成交的，以及被哪些烘焙师所购买。我向你保证这些信息可比听上去有趣多了。

> 反文化咖啡网站（www.counterculturecoffee.com）上精彩的互动图表展示出了不同咖啡变种之间的关系。用 Google 去调研这些则会让你掉进各种模糊不清的血缘关系的深坑里，但这份了不起的视觉指导能帮你了解所有不同植物以及它们混乱不堪的家族谱。

> 烘焙机制造商 Probat Burns 的网站（www.probatburns.com）上有一个有趣的小玩具，借助它你能看到烘焙桶里发生的一切。你能自行添加咖啡豆，调整空气压力、热源类型，以及温度，你将理解烘焙师（这里既是指机器也是指人[1]）真实的操作是怎样的。有点像你在儿童科学博物馆里所看到的东西，但它还是具备令人惊讶的指导意义。你可以通过搜索"Spotlight on Drum

[1] Roaster 既可以表示烘焙机器，也可以是烘焙师。

Roasting"相关文章来找到它。

> 正如前面提到的，甜蜜玛利亚几乎是关于家庭烘焙的一站式商店。除了零售生豆和烘焙设备以外，它还为烘焙控们准备了各种建议、资料，以及在线讨论区。

> 《家庭咖啡烘焙：浪漫与回潮》（*Home Coffee Roasting: Romance & Revival, Kenneth Davids*），这本书的内容基本上就是它的标题所提到的全部，作者肯尼斯·戴维斯(Kenneth Davids)还写过其他几本非常不错的咖啡书，也都值得一读。而作为一本非常棒的关于烘焙史及烘焙科学的入门书，它还包含了很多种家庭烘焙方法的具体操作指导。

> 《烘焙杂志》（www.roastmagazine.com）是一本为烘焙店制作的商业杂志，它常刊登许多农场和种植地区的趣闻和故事。我不是劝你去订阅一份（除非你碰巧是在找进入家庭烘焙领域的材料），但要是正好手边有一本的话不妨翻开读一读。

FOUR

4. 寻找你的咖啡

如果你目前对咖啡的了解还只是停留在最初的福爵 [①]
速溶咖啡，和 20 盎司一杯的无糖的焦糖拿铁咖啡，那你
想要绕开傲慢的第三浪潮咖啡馆其实也没什么关系，直
到你在家已经完成了一些实践和探索再开始也不迟。虽
然它们看着有点令人生畏，咖啡馆仍然是你能直接接触
到咖啡极客世界的最佳空间。如果你真的不想只是浅尝
辄止的话——你就需要那股暑假开始第一天的全部热情，
全身心地投入这个领域。

咖啡馆能提供的可远不止定价过高的司康，及凑合着
能用的 Wi-Fi。找到正确的咖啡馆，你就能尝到闻所未闻

① Folgers，美国加州最常见的咖啡品牌。

令人惊艳的咖啡，见识到各种令人称奇的咖啡调制方式，还可以同那些真正想要引导你去了解不同咖啡豆类型的咖啡师交谈。要是你同他们相处愉快并且能以正确的方式提出要求，你甚至有机会见到咖啡烘焙的全过程，参与咖啡品测，以及了解你所在的城市中最新的咖啡活动。

很多人开始探索高品质咖啡都是从购入一台咖啡机和一些咖啡豆，并尝试在家勉为其难地制作咖啡开始的。这种方式已经落后了——试想一下只靠看书去学习篮球，而完全没有亲眼观看过真正的比赛。所以，咖啡店才是咖啡教育的正确开始，因为首先你需要知道好咖啡尝起来应该是什么样的，然后才能亲自调制咖啡。而当你真正自己做咖啡的时候，你就相当于已经拥有许多位专家的指导了。

在买第一包咖啡豆之前，你需要在长椅上坐上几个小时——它可能是个公共长椅，由古老的原始木材制成，边上坐着一位自由插画设计师，他／她头戴的硕大耳机里的重音电子乐持续轰击着。不管怎样就是这样的一个长椅。

找到正确的咖啡馆类型

第三浪潮咖啡馆有非常多的套路：年轻时尚的咖啡师通常戴着设计款的单车帽，手指关节上文着图案，以及面部精心修饰过的胡须；固定齿轮的自行车或锁在店前，或挂墙上做装饰；老式音响里播放着某个独立乐队演奏的不知名单曲。这些描述虽然模式化，但基本上能准确反映出第三浪潮咖啡馆给人的印象。即便是咖啡界最新的趋势和潮流，也仍不可抵挡地由这些衣着重复、面容相似的人们组成，而正是他们把咖啡馆搞得看起来都差不多。就多样性而言这可不算好事——或许应该写一篇博士后论文来认真讨论下不同种族、阶级、性别和精品咖啡产业之间的交叉相关性——当然，这倒让找到好的咖啡馆变得更容易了。

我并不是说就没有打破这些套路的真正的好咖啡馆了。只有当你更好地理解你所要找的是怎样的咖啡时，才能在众多咖啡馆里挑出那些好的。目前而言，你只要留意下咖啡馆里是否出现打过蜡的胡子和定制的卡车司机帽就行。

当然了，这种情况不会一直持续下去。星巴克已经在西雅图建了几个改装的门店，店里设计得像流行的独立咖啡吧，毫无疑问未来几年我们会看见越来越多的街道上出现并不真的在卖高端咖啡（要么就是卖的高端咖啡名不副实）的高端咖啡店竞相出现。如今，如果一家咖啡馆符合你对时髦咖啡馆的风格印象的话，那它可能就真的是一家时髦咖啡馆。

如何找到一家好的咖啡馆

所以，要是你都不知道一家酷的咖啡馆应该长什么样，那要从何入手呢？下面这份简单明了的清单能帮助你准确鉴别该进去的和该路过的咖啡馆。

如果满足……就直接进店

> 店内提供多种咖啡调制方式的选择，至少包含一种手冲方式。

> 咖啡师的外形打扮像刚从美剧《大西洋帝国》《波特兰迪亚》或《广告狂人》的片场里出来的。

> 顾客面前的笔记本电脑至少 85% 是苹果的。

> 相当多的顾客是骑单车来的。科学上很难做出解释，但自行车骑行者对优质咖啡馆的感知尤为敏锐，如果画一张文氏图的话，咖啡潮流文化和自行车潮流文化有着显著的重叠部分。

> 自家烘焙咖啡豆。

> 有轮转的特邀烘焙师阵容。

> 菜单上至少有一种单品种咖啡。

> 菜单上各种咖啡的介绍文字，都是一些充满情感色彩，稍稍有点怪异的简短风味描述，像是"木槿、柑橘、果味麦圈"，以及"青苹果、黑巧克力、混合花香"。

> 由比较高端的本地手工艺烘焙店提供点心，还会供应6美元一片的涂满家庭制作的奶油奶酪的吐司。当然了，价格确实有些宰人，但要是他们连食品来源都很在意，那他们极可能会更在乎咖啡产地。

> 陈列着咖啡师竞赛的奖杯。

> 出售神秘的日本和欧洲的咖啡调制设备。

> 只用唱片和磁带播放音乐。

> 有真人 DJ。

> 咖啡店和唱片店的混合体。

> 小杯盛装意式浓缩咖啡，并且边上配有一杯苏打水。

> 设计杂志，梅森杯，标本。

如果……的话，路过就好

> 咖啡师看着像是刚出演完《泽西海岸》或是《生活大爆炸》。

> 不止一种饮品包含搅打奶油。

> 咖啡师反复蒸汽加热一杯牛奶。这绝对是大错特错，但在一些糟糕的咖啡馆是很常见的。像炸薯条和土耳其烤肉，蒸汽牛奶也是一样，反复加热后口感就很糟糕了。

> 店里有电视机。

> 空气里有股烧焦味。这可能意味着他们用了烘焙过度的咖啡豆。也可能是咖啡馆着火了。不管怎样，不要进去就是了。

> "意式浓缩咖啡"这个词在咖啡馆里反复出现，无孔不入。

> 额外扣分项：把卡布奇诺写成或说成奇诺饮品[1]。

---

① Cup of chino 与 cappuccino 音相近。

> 供应的咖啡种类超过 20 种。有些还不错,但太多选择就意味着他们可能会用上不太新鲜的咖啡豆。

> 有些饮品被标上矫揉造作的名称,诸如"热活摩卡"和"全爱拿铁"之类的。

> 有个用木吉他弹奏数乌鸦乐队 [①] 音乐的家伙。

> 咖啡店和网吧的混合体。

> 建在连锁书店里面。

> 风味糖浆的选项比牛奶的选项要多。

> 捕梦网,经幡,焚香。

咖啡馆消费指南

如果你很享受在酒吧里当个常客,你就知道这一崇高头衔能给你带来什么。当然,偶尔会遇到免费饮品,可能服务速度也会快一些,甚至有时还能亲自上阵点播歌曲。但真正的回报是你在任何一个夜晚走进这个房间都能遇到满是友善的面孔,你能和这些拿了你的钱的人随意地

① Counting Crows, 成立于 1991 年的美国摇滚乐队

闲聊吹水。而在你作为常客去的咖啡馆也是如此。一旦你找到一家体面的店，就从技术上让它变成你的驻扎点，努力汲取尽可能多的知识和经验。

酒吧里，常客都是一周的前几天人比较少的时候去的，和酒保能有一定交流的空间。就算你坚持一年在每个周五晚 9 点去酒吧，酒保对你仍然不会有更多的印象，顶多记得你是那个喝醉的白痴，点个朗姆酒和可乐都极为费劲。而那些仿佛一直都在的常客又是怎么做的呢？他们通常会在周二傍晚 5 点去酒吧。选择好一家特定的咖啡馆，你就可以采取同样的策略了。找到非高峰时段，这时候咖啡馆的节奏比较缓慢，员工也会有时间和精力陪你闲聊——或许是某个工作日的中午 11 点半，也可以是一个周日下午的 3 点——试着在那样的时间点去感受下。

当然了，如果咖啡馆的员工确实喜欢你，这对你而言也是有意义的。你不必以这家店的意式咖啡混拼豆的名称来命名你的第一杯咖啡，别搞得跟个白痴一样。避免犯蠢的做法包括，每喝一杯都要留下 1 美元的小费（对，没错，就是每一杯；快忘了 20% 的说法，就是 1 美元；不要找任何借口了，就是 1 美元，照做好吗！）；喝完自己清理桌子；当咖啡师和其他顾客说话的时候不要打断他们；不要叫他们切歌；在高峰时段不要点那种做起来很麻烦的饮品；要说"请"和"谢谢"。基本上，学习你妈妈的言行举止就对了——如果你妈愿意为饮品付1美元小费的话（她不会付的，她已经老了而且更喜欢椰子奶油的咖啡伴侣，不管怎样，上天保佑她的心脏）。

尽可能多地品尝。尝试菜单上每一种饮品。无论何时咖啡馆引入了不同品种的咖啡豆你都可以尝试一下。同样地，也试着用不同方式来调制一种咖啡豆。在可以的时候不妨问问咖啡师：对于这种咖啡豆你会用哪种调制方法？尼加拉瓜咖啡豆是不是一般都比较酸？能不能为我演示下如何将水注入Chemex壶的？这些咖啡豆是多久前烘焙的？一旦聊天内容进入咖啡家庭烘焙的专业领域，这些重要信息和建议的来源培养工作就真正开始发挥效应了。此外，你要知道你接触的可能是真正有趣的人。

但如果你让他们感到紧张了，只要他们还想继续获取这1美元的"巨额"小费，就可能不告诉你这些信息了。

傲慢咖啡师之谜

第三波浪潮咖啡馆有个经久不衰的套路，就是他们聘用的咖啡师总是傲慢地皱着眉头，厌恶顾客以及他们的口味偏好。"潮人咖啡师"文化背后有个流传多年的笑话（不得不说确实很好笑），有着大胡子和文身的咖啡师，穿着 V 领的 T 恤，戴着一条围巾，上面写着一些说明文字，例如"价值 12 万美元的艺术学位／用拿铁拉花画脸"和"在高朋网 ① 上卖咖啡想翻白眼的话请自便"。

真的会有咖啡师是这样吗？当然！有些杂货店、植物护理、汽车维修、电影院，还有银行都会聘用这样的混蛋。不过我的经验里，咖啡店里工作的人大部分还是很友好的。另外，以我的经验，那些声称自己总是遇到傲慢咖啡师的人要么是由于自身的验证性偏差（同样还有：声称总是被素食主义者一本正经地说教的人；声称总会被疯狂的自行车骑行者挤到路边的 SUV 车主），要么他们进咖啡馆前就预期会遇到傲慢的服务态度，索

---

① Groupon，美国团购网站。

性抢先一步扮演混蛋。

尽量避免被评判或忽视的糟糕体验。你可以认为咖啡师是真的想要为你认认真真调制一杯饮品——只有保持礼貌以及明确自己需要什么，你才能真的帮到他们。如果你不想被咖啡师以貌取人，那首先你就不要这样对待他们——没错，巨大的耳洞或领结是显得挺蠢，但不要显露出好像马上你就要经历糟糕服务的样子。如果这些都还不管用，他们仍然态度恶劣，那就只能换地方了，顺便在 Yelp 上留个差评。

喝咖啡的正确姿势

咖啡的第二波浪潮，使得菜单上充斥着甜品风格的饮品，饮用时还需要借助小勺，一杯所含的热量就占到全天所需热量的一半。好在今天的高端咖啡店更倾向于极简菜单，专注于几款标准意式浓缩咖啡饮品和调制方法。这些饮品大部分你都应该尝试——但也不必全试一遍。实际上，一些会对你的咖啡信誉度造成不可挽回的损害。

浓缩咖啡的制作工艺

咖啡师可能赚得不多，但不要怀疑——做好意式浓缩咖啡非常需要好技艺。不仅要保证线路设备保持良好的运行状态（还要使用新鲜烘焙的优良咖啡豆现磨的咖啡粉），同时，制作过程中的每一步——从磨粒的尺寸到萃取的时长——都需要精准和严谨。

一台意式浓缩咖啡机的工作原理将高压高温水蒸气直接通过一个压紧的咖啡粉饼。最终制成的，是一杯远比其他方式调制出的成品更加浓缩醇厚、芳香四溢的咖啡。咖啡最好的特质会得以强化——但不好的部分也是如此。

如果你只消费过掺入半升牛奶的浓缩咖啡，里面加的糖多到足以减轻一个东部低地大猩猩的糖尿病性昏迷症状，你可能不会意识到去掉这任何一个元素后的咖啡能有多糟糕。糟糕到无处可躲。

因此好的浓缩咖啡值得上好的价格。而如果你希望钱花得有价值，那就应该选择一种真正能将最好的体验和乐趣都呈现出来的消费形式。你不会在一块高级牛排上涂上大量的烧烤酱。你也不会把柏翠葡萄酒[①]加入苏打水喝。所以，不要白白浪费掉一杯好的浓缩咖啡。

你需要知道的浓缩咖啡饮品

意式浓缩

把一杯像是从用了五年的茶具里倒出的浓缩咖啡直接喝下去，的确是一种足以证明自己厉害的行为，而且这也远比所有传统的意式浓缩咖啡做成的饮品要好得多。就像是一小杯纯威士忌，快速而强烈，心脏脆弱的人就不要冒险尝试了。而这也是真正获得一份浓缩咖啡里所有风味的最佳方式，为了能够真正精通咖啡你需要尝试一下。你可以从后面提到的几种加牛奶的饮品开始，然后一步一步抵达浓缩咖啡，又或者你可以直接上手浓缩咖啡，保持尝试直到能够忍受，并最终品味出这小小的两三盎司的杯中所蕴含的无尽风味。如无意外，你还能收获别人崇拜的目光，然后自我陶醉上几个小时。

① Pètrus，柏翠庄园，位于法国波尔多。

玛奇朵

不管那些国际性的咖啡因饮品帝国如何定义玛奇朵，真正的玛奇朵应该是一份浓缩咖啡加上少许的蒸汽牛奶——这个名字在意大利语里的字面意思就是被牛奶"标记"。所以它仍是一杯很浓醇的浓缩咖啡。要是你口味清淡而难以驾驭纯浓缩咖啡，牛奶能让它的口感柔和一些，同时又让你体验到咖啡中绝大部分的风味和香气。最棒的一点是，它和浓缩咖啡一样也是小杯装的——一种被叫作"demitasse"的小杯子，另外——起码你还能继续假装是在喝一杯浓缩咖啡。

口吐白沫

你经常听到的关于咖啡的两个术语："湿泡沫"和"干泡沫"。等等，难道不是所有奶泡都是湿的吗？对没错，你还真是聪明。但在浓缩咖啡界，所谓"湿"和"干"的奶泡——
又或是分别被叫作"小奶泡"和"大奶泡"——
都是用来指代大部分浓缩咖啡顶部的蒸汽牛奶
的质地。干奶泡就是你看到漂在卡布奇诺和玛
奇朵顶部的比较坚挺的奶泡——当你喝的时候
就会沾上一层毛茸茸的"胡子"。湿奶泡的口
感则更加醇和而有质感，一般直接倒进咖啡里，
更常用在拿铁的制作中。

好吧，这些说的都是以前了。现如今，
大部分不错的咖啡馆都用小奶泡来搭配所有
饮品。

尽管它们完全过时了，一些人更喜欢玛奇
朵和卡布奇诺因为喝的时候感觉咖啡和牛奶是
分开的，又或是按照个人喜好来混合牛奶和咖
啡。如果你就是喜欢的话，你可以指定一杯干
的卡布奇诺——不过你要准备好迎接来自咖啡
师的嘲讽。

可塔朵（Cortado）

尽管没有和玛奇朵相差太多，这款饮品还是被认为更接近一杯小型拿铁——通常容量在 4 盎司左右，装在一个精美讲究的小玻璃杯里。因为自带异域风味而有额外的吸引力——最初源自西班牙，在美国的菜单上却是不多见的。你可能也听到过它被叫作"短笛拿铁"，这个澳大利亚词汇随着澳大利亚咖啡师一起逃离澳洲孤岛而蔓延到全世界。

直布罗陀 (Gibraltar)

这款饮品的故事是这样的：位于旧金山的蓝瓶子咖啡馆的店主买了一批容量为 4.5 盎司名为直布罗陀的平底无脚酒杯，用来在吧台后面做咖啡评测时使用。一些常客捕捉到了这些迷你的拿铁咖啡，于是，它就成为隐藏菜单上的一员了。这个词传播开后，现如今你在英语世界的咖啡馆里都能看到它的身影。尽管从所有意图和目的上而言，它都只不过是可塔朵换了个名字。而你仍需了解的原因在于，目前它已经算是咖啡体系里的一项标准了，不过如果菜单上没有出现的话还是尽量不要点它，除非你就是想装模作样一把。

卡布奇诺

含有更多牛奶的浓缩咖啡饮品，大部分人要么选择拿铁要么选择卡布奇诺，因此你需要二选一，然后准备好捍卫你的选择到死。

卡布奇诺算是更明智的选择。部分的浓缩咖啡，加上部分的蒸汽牛奶，以及一些奶泡，并装在 5 到 6 盎司的陶瓷杯中，卡布奇诺算是比较温和而平衡的牛奶意式浓缩咖啡饮品。同时它也是一种有历史的传统饮品，而卡布奇诺这个名字被认为可追溯到 17 世纪。今天，如果你在意大利点一杯卡布奇诺，你得到的不会和你在一家比较好的美国咖啡馆里所得到的有太大区别。

拿铁

如果卡布奇诺是明智的欧式选择，那拿铁咖啡就是，去他妈的，我一个美国人我就是乐意喝这个。

咖啡万事通们喜欢告诫别人在意大利点一杯拿铁只会得到一杯牛奶（拿铁在意大利语里就是牛奶的意思，所以这是完全合理的），而正确无误的叫法应该是"拿铁咖啡"，并且通常只在吃早餐时饮用——从来不会在下午为了提神而饮用，当然也从来不会像美国人装在猥琐的大杯子里。好吧，意大利人也不吃蒜香面包或在披萨里放香肠，所以，能说谁就是落后呢？这是上帝赋予你的权利，一个美国人在一天24小时的任何时间里都可以用任意型号的杯子来消费任何食物。

在这个国家，拿铁通常装在12盎司的陶瓷杯（除了商业区的咖啡连锁店，他们是用桶来装的）里，一份（或是双份）标准浓缩咖啡，加入蒸汽牛奶，以及少许奶泡作为装饰。

拿铁艺术

技艺纯熟的咖啡师能够往浓缩咖啡里倒入蒸汽牛奶的同时，运用细腻的微小奶泡在咖啡顶部绘制图形图案（有时会需要额外借助一个茶匙）。这就是众所周知的"拿铁艺术"，尽管同样也可以在卡布奇诺和玛奇朵中制作。在推崇极简主义的第三波咖啡浪潮里，精美的拿铁艺术一度看起来有点过时了，人们更喜欢简简单单的千层叶和心形图案。但是越来越多的咖啡馆和咖啡师又重新松了口气，人们对有趣的和富有创意的设计图案的兴趣开始回温，我们能看到越来越多的鸟、狮子，以及花朵的再次出现。2014 年，美国咖啡冠军赛——既是美国规模最大也是最负盛名的咖啡竞技活动——在竞赛项目中加入一个美国拿铁艺术比赛，这意味着曾经让你觉得矫揉造作的咖啡中的动物图案，的的确确重新获得了社会认同。欢呼吧！

美式咖啡

当我们谈到美国版的劣质浓缩咖啡饮品，我们说的就是美式咖啡——即往一份浓缩咖啡中倒入任意量的热水（基本上倒满杯子为止）。这款饮品的起源不详，但一般被认为是供应给二战时期在欧洲的美国军人，为了复制出那种自由的味道，也就是滴滤咖啡。

尽管它的起源非常粗略，但毕竟是对浓缩咖啡的一种不同的饮用方式——如同人们饮用纯威士忌一样，加一点水就能够帮助开启对咖啡风味和香气的感受。但是很多咖啡馆加了太多热水，使得咖啡变得稀释而口感低劣。所以要是你想喝这款，明确地提出要求只加 5 盎司水。

平白咖啡（flat white）

　　这款神秘的牛奶浓缩咖啡最早起源于澳大利亚和新西兰（这两个国家一直在争夺它的所有权，就像他们对奶油蛋白甜饼和罗素·克洛[①] 所做的一样），近来，这款饮品在美国和英国也掀起潮流，席卷市场，这要再次感谢一下那些外逃出国最终变成咖啡师的人们。甚至在澳新地区，对这款饮品到底是什么也没有达成共识——大部分咖啡馆在调制方式上都各自做出了一些变化——而为了理解它，你还是需要知道，传统上的拿铁是装在大玻璃杯里的，卡布奇诺则是用瓷杯装的，并在顶部撒些可可粉。这种情况下，澳洲白咖啡就像是这两种咖啡之间的平衡

---

① Russell Ira Crowe，著名演员、导演、制片人，出生于新西兰，后迁至澳大利亚。

点——装在瓷杯中，但没有可可粉。对于它在美国的存在意义——远非猎奇——还不太清楚。作为一条经验法则，你完全可以把它当作用卡诺奇诺杯装的拿铁。它仍值得你去了解的原因是这种风格正值流行，不过你没必要专门打破你自己的习惯去适应它。

阿芙佳朵（affogato）

这就是一勺冰淇淋或是意大利冰淇淋放在意式浓缩咖啡上。好吧，没有任何认真的咖啡信誉度理由让你必须去了解它，但它就是无敌地美味。

你不需要知道的浓缩咖啡饮品

摩卡

摩卡咖啡或摩卡奇诺，是一种混有可可粉或巧克力糖浆的拿铁或者卡布奇诺——基本上就是一杯含咖啡因的热巧克力。任何超过 16 岁的人都没必要喝这款。

香草 / 焦糖 /[此处填入风味] 拿铁

类似的，这些混入各种风味糖浆（常常是淋在搅打奶油上）的浓缩咖啡饮品都是为那些并不是真正受得了咖啡味道，口味还保留在低龄的人准备的。它们就是咖啡世界的苹果马提尼。你不会在一家手工酒吧点一杯柠檬汁；也不要在手工咖啡店点一杯南瓜香料拿铁。

康宝蓝（espresso con panna）

也被叫作维也纳咖啡，即顶部加入搅打奶油的浓缩咖啡。只是……不要点这款。搅打奶油是用在派、低级喜剧，以及性里的。

宝贝奇诺(babyccino）

尽管它是用意式咖啡机做的，技术上而言它甚至不是咖啡饮品——它只是一杯蒸汽牛奶和奶泡，有时还会撒些可可粉，穿着瑜伽裤的妈妈们买给名字叫作朱妮帕和阿提克斯之类的小孩，好让他们在咖啡店里有事可做。好的一点是，菜单上这些饮品默默告诉你该咖啡馆中会有此类人经常出入，或许你最好去其他地方处理你的事情。所以它还是有帮助的。同样适用于：狗狗奇诺（doggyccinos）。

奶茶

同样也不是真正的浓缩咖啡饮品。它是混合了蒸汽牛奶的印度香料茶饮品。虽然很美味，但你可是要继续在咖啡道路上历练的，可不要浪费时间在喝茶上。

红眼

也被称作深水炸弹、大锤头、大开眼界、黑夜一击，以及无数种不同的叫法，它是一份（或好几份）浓缩咖啡倒进一杯里。目前为止，你所学到的一切应该已经让你觉悟到这并不是什么好配方，而仅仅是一种简单粗暴的咖啡因摄取方法。这倒也没什么——我们都有那样的时刻只想把红牛注入体内保持清醒——但请坚定地把它留给卡车司机和大学生就好，严肃的咖啡学者还是别试了。

你需要了解的其他咖啡饮品

直到最近，你可能去咖啡馆只点一两种饮品——一种浓缩咖啡饮品或者用自助法压壶批量调制的咖啡。但近几年，不同的实验性调制设备开始进驻到各家咖啡馆的菜单上。这是个好消息。如果你尝试学习不同咖啡的独特风味和各种可能性，逐一去检验这些方式是很有帮助的。但这意味着有很多种饮品需要一一记住，所以我们一起来看看究竟哪些真的值得你花点时间去研究。

手冲

如果你曾经看到一个咖啡师小心翼翼地手持一把外形奇怪的水壶，努力维持平衡地往一个锥形设备里注水，就像烦躁的园丁在给精致非凡的花浇水一样，估计你目睹的十有八九就是某位正在准备手冲咖啡的咖啡师。

手冲咖啡会用到一些设备——从塑料制或瓷制的Melitta 锥形瓶到光滑的 Chemex 玻璃瓶（我们在第 5 章里会逐一介绍它们）——但它们的原理都是一样的：在一个圆锥形的过滤器里放置咖啡磨粉（通常是滤纸，偶尔也会用金属滤器）；慢慢注入热水；液体最终全部滴滤，落进下方放置的杯子或容器里。出品的咖啡柔和明亮，手冲能够极好地表达出不同咖啡的自身细微特征以及独特性格。

这种调制方法并不新颖，但是它的风靡却是很近发生的事——直到 21 世纪它们才开始成为咖啡馆标配的。因

咖啡极客

此不同店所采用的手工调制方式都有很多不一致。对有些咖啡馆而言，手冲是默认的调制咖啡方式，也依此定价。咖啡馆可能有一个咖啡调制的吧台，用来同时操作多种饮品，甚至可能是一个咖啡师独自专注于制作饮品。

在其他咖啡馆，你不得不提出手冲的要求，这更被视为一种特殊服务，也同样会依情况定价——比较昂贵。这并非不合理；手冲咖啡是劳动密集型工作，每次制作都要花费一个咖啡师几分钟的时间。但如果一个咖啡馆里只是在架子上摆放着一个积满灰尘的老旧手冲壶，似乎他们是以防万一某些顾客会点手冲，那你最好还是不要点了；你不会想要 7 美元换来一份不怎么样的手冲咖啡。

如果你计划自己在家玩手冲咖啡的话，侦察一个能真正做好手冲咖啡的地方绝对值得实践。能够观察到正确的准备和冲泡方法——以及在一个地方尝试不同手冲风格的机会——这些都是不可估量的（我说的"不可估量"，是指你就不必再徒劳地想从 youtube 视频里复制到你自家厨房，这能为你节省下时间和金钱）。

虹吸

虹吸或真空咖啡壶（有时候称作虹吸壶）的发明要追

溯到 19 世纪 30 年代的德国（或 19 世纪 40 年代的法国，取决于你问的是谁），到了 20 世纪初在美国真正流行开来，然而 20 世纪的后半叶又全都消失了。直到 21 世纪第一个十年的最后，它又重返流行，一些第三波浪潮咖啡馆开始模仿着建造起日本咖啡馆那种抢眼的虹吸壶吧台。这些设施要用上很多花费，而这种调制方法也需要很多人力劳动，因而随着咖啡馆朝着更便宜的手工咖啡调制方法发展，虹吸壶便渐渐没落。但如果看到有咖啡馆提供了这项服务，你一定要试试看，因为虹吸咖啡尝起来非常棒，而且看起来又那么酷。

基本原理就是：两个玻璃容器中间放置着一个垫圈和一个滤器。水倒入底部的容器，咖啡放进上面的容器。底部容器的下方会放置某种热源（装模作样的机器也许用的是卤素燃烧器，便宜的可能是酒精灯），用来加热水。水蒸气将液体推进到上方的容器里，从而浸泡着咖啡。当加热停止，底部容器冷却，创造出的真空环境会将液体重新拉回通过滤纸。

最终产出的咖啡会非常干净，但又让咖啡所有的风味得到显著强化。我有提醒你它有多酷吗？它真的是超酷！

冰滴

同从美洲原住民那儿占来的牛仔裤和头饰一起，用放满冰块的塑料杯调制的冰滴咖啡已经成为 2010 年之后夏日的一种装饰——在 7 月中旬左右去到美国的任何潮流街区，你都会看到一些科切拉小妞和波纳若①男孩用吸管在喝冰滴咖啡，好像他们在早午餐餐馆和 Urban Outfiltters 服装店那样。但不像仿复古设计师的毛边短牛仔裤和头上插着羽毛的姐妹会的女孩，冰滴咖啡是一种真正值得拥抱的时尚潮流。

讽刺的是，最常见的调制冰滴咖啡的方法可没那么酷——通常是用一个很大的塑料桶来做的。可以在任何地方放置，让咖啡浸泡上 12 到 24 小时之间。然后通过滤器滴滤，成为一杯高浓缩的咖啡。咖啡馆一般是将成品装进一个壶里再冷藏保存，顾客点单时则倒出一些兑上冰水装杯。尽管有些咖啡馆会做得更有趣些，用个小酒桶保存，顾客点单时就像点啤酒一样随取随用。

冰滴咖啡的爆发性流行带来的一个好处是让很多新人开始接触到手工调制和单品种咖啡。冰滴口感如此温

① Coachella 和 Bonnaroo 均是美国著名音乐节。

和柔滑，不加糖和牛奶也能被很多人所接受。尽管它的风味相对比较简单直接，很容易被识别。试把它当作一种入门毒品，一种美味而又提神的入门毒品。

京都

我说过冰滴咖啡通常是用塑料桶来调制，然而也有例外，这个例外完全配得上它的副标题，因为它是如此地酷（一语双关）。京都风格冰滴咖啡是用高塔台调制的——一种玻璃管和玻璃容器构成的图腾柱，能有 3.5 英尺高，看着就像是电影里科学实验室中的玩意儿。水会进入上方的容器里，然后缓慢轻轻地滴落到咖啡粉上，通过滤纸，再流经很长的管道，最终流进底部的容器。这听起来似乎极其无聊漫长，可能要花费 8 到 24 小时的任意时长，取决于器具的高度和滴滤的速度。最终成品通常都有一点点复杂，比浸泡充足的冰滴要更甜，尽管这种差异并不夸张。最重要的是，它看起来简直超赞。

热调制的冷滴

这个名称听起来可能有点矛盾，但夏天做咖啡的最新流行就是直接用冰来配热咖啡。也被叫作"日式冰咖

京都滴滤塔台

啡"，通常是以手冲的方式来做的——要么用滴滤器要么用 Chemex 壶。一些咖啡馆还用爱乐压来进行实验性的探索。这种方法能让咖啡在过滤和接触到冰块之前，有足够的接触时间好让热水将咖啡的香气和酸度带出来。在它们过滤和接触到冰块之前，冰会冷却并稀释咖啡，但热调制产生的特质还是会被保留下来。

这对那些觉得冰滴咖啡太醇厚或太单调，以及那些不能接受水罐里倒一杯咖啡得花 3 美元的人而言非常适用。

自动单杯咖啡机

第三波咖啡浪潮工业短暂的历史表现出它在借助科技创新以追求完美咖啡，和保留手工及工艺气息之间有所挣扎。很少有什么比 Clover 的发展史能更好地体现这种趋势了。这款机器是在 2007 年由一组斯坦福工程师研发制成的，他们结合了法压壶的技术和虹吸壶原理，创造了一个（几乎）全自动的系统。

每台机器售价为 11 000 美元。

大概过了 5 分钟（好吧，一年），它在咖啡行业倍受赞誉。芝加哥知识分子咖啡馆，波特兰的斯顿普敦咖啡馆，纽约的刁钻咖啡馆，以及西雅图的维塔咖啡馆。然后到了 2008 年，Clover 的公司被星巴克公司收购，而这些独立咖啡馆不能快速地摆脱 Clover 咖啡机。大概一年之后，每个人似乎都转向了便宜的塑料手冲咖啡器具，口头上经常说着"手工制作"这样的字眼。

如今你很难在除了星巴克之外的地方找到一台 Clover（这真是丢人，因为他们真的能做出好咖啡），可到了最近，更新的制作单杯咖啡的机器似乎又在第三浪潮世界回潮了。根本上，咖啡极客就是一群，好吧，极客，而技术已经能够达到一定水平的精确性，人类则很难做得到，因此未来我们将可能全得臣服在咖啡制作机器人的统治之下。

有一款这样迅速在全国兴起的机器叫作蒸汽朋克（不要因为这个名字就退缩了；它跟络腮胡的 cosplay 可没半点关系），这款很吸引眼球的由钢铁和玻璃构造的精巧设计品，是来自一家名为 Alpha Dominche 的位于犹他州的公司。基本上是一种计算机化的虹吸壶。它允许高级程度的控制和一致性，而一般手工虹吸壶是做不到的，它能出品一杯真的很好的咖啡（事实上，一次能制作好几杯不错的咖啡，毫无疑问这对咖啡店而言很有吸引力）。外形也是非常的酷。

还有其他一些刚起步的灌输了科技的咖啡机——

BKON 工艺咖啡机、Blossom One 咖啡机、Modbar 咖啡机，这里只是简单举几个例子。它们都很好吗？鬼知道——它们都是才出现不久的。但如果你有机会看见的话最好试试看，这样你就可以说你试过了。

你不需要了解的其他咖啡饮品

越南冰咖啡

名为 Ca phe sua da——或者叫作越南冰牛奶咖啡——是一份越南三明治或一碗越南河粉的最佳搭配。然而它基本上不算是好咖啡。传统上制作越南冰咖啡使用的是深烘焙的咖啡豆——通常是美国世界咖啡馆（Café Du Mond）的菊苣咖啡，尽管也常是越南进口品牌——咖啡颗粒磨得比较粗，通常用一种叫作 phin 的小型金属滤器调制。近来，很多小餐馆制作越南冰咖啡就干脆直接用普通的调制咖啡或速溶咖啡了。不管怎样，它最终是倒入冰块，顶部再加入甜炼乳。

我们就老实说吧——作为法属中印半岛的一项厨房副产品而附上了一段有趣又充满异国情调的历史，Ca phe

sua da 才保留了一部分吸引力；如果它是美国人发明出来的并且在欧美咖啡连锁店卖的话，美食家只会在国际吃货美食社区（Chowhound，www.chowhound.com）上大肆贬低它。我不是说它尝起来不好，我只是说：其中一半都是罐装的加糖牛奶。

法压咖啡

这些大活塞壶能够做出好咖啡，但它简直是世界上除了速溶咖啡以外最简单的咖啡调制方法，你根本找不到任何理由要在外面花钱让别人给你做这个（好吧，有一个理由，如果你在餐馆的话就只能这样了。服务生和厨师并不算是训练有素的咖啡师，因而餐馆的意式浓缩咖啡几乎都是可怕的。如果你想要一餐结束后喝一杯咖啡，法压壶应该是唯一能做出一杯好咖啡同时操作过程中也没什么挑战性的方式了）。

欧蕾咖啡

欧蕾咖啡有趣的点全在它发音的韵律上，但是喝起来就没什么意思了。它完全就是一杯牛奶加上调制咖啡，而不是意式浓缩。在有个地方点这款饮品是能够被人接受的，那就是新奥尔良，那儿的标准菜单上就有菊苣咖啡，作为贝奈特饼①的标配饮品而存在。贝奈特饼真的好吃极了。

瓶装冰滴

一些很好的烘焙师（如今也有少数的一般般的烘焙师）制作即饮型的瓶装冰滴咖啡。它是野餐的很好选择（假设你嫌麻烦不想自己做的话），又或者，如果你只能在杂货店买咖啡的话（通常你能在美国全食超市或类似的地方买到），但何必要去咖啡馆付给咖啡师4美元只换到一瓶咖啡呢？它一般是没有店内制作的小批量冰滴咖啡好喝，你还需要为瓶子额外付钱，由于每卖出一次都要开一个新瓶，对咖啡馆来说就不够环境友好了。这真糟糕。

咖啡杯测

如果你想要学品葡萄酒，你需要参加葡萄酒品鉴活

---

① Beignet，一种法式无孔甜甜圈。

动。如果你想要学品啤酒，同样需要参加啤酒的品鉴。所以要是你打算学习喝咖啡，你需要参加咖啡……杯测。嘿，这可不是我乱叫出来的名字。

杯测的操作历史实际上可以追溯到至少一个世纪以前。传统上，它是(仍是)一种由烘焙师和商人执行的技术，以评估他们要买的咖啡豆的品质和特性。有着这么悠久的历史，这种过程已经几乎滑稽地被仪式化了，出现了很多专门为此打造的装备——标准的专业杯测装备应该包括一个特别订做的旋转圆盘桌子、痰盂、专用的勺子、杯子、托盘，甚至常常还有实验室用的椅子(对操作过程没有一丁点帮助，但是能让一切看起来很酷，当然也能让你觉得它很严肃很重要，尽管喝和吐出咖啡时发出的声音很响)。

咖啡教育已经成为第三波咖啡浪潮中的烘焙师和咖啡馆的目标和使命了，在某个时刻，他们中的一些人灵光一闪，为公众举办一些杯测活动，帮助普通人理解品质咖啡的细微差别(以及，要是我们愤世嫉俗地理解，也是为了说服同样这些人去购买品质咖啡)。一些咖啡馆如今会常规性地举办每月、每周，有时甚至是每天的杯测活动。很多都是免费的，尽管花钱的那些更值得投资，至少一次。

如果你所在城市没有咖啡馆办杯测，下次你到了一个大城市就绝对应该考虑一下去一些好的烘焙商那儿看看，像是纽约、旧金山、芝加哥，或是西雅图。带上你的朋友和家人——他们将会收获比预期更多的快乐，你只要将他们的口味从焦糖摩卡转移走。

公开杯测一般是比专业杯测悠闲得多的方式——不要期待会有实验室的椅子——但是他们仍会大致遵循一定的规则。这里介绍一下你将会经历什么。

第一步：准备咖啡豆

杯测的举办地点很可能准备了三四种不同咖啡豆做取样。可能他们将会挑选一些完全不同起源和风味的咖啡豆，这样做有两个极为合理的理由：第一，这些——特别是名声很大的咖啡馆——倾向于吸引很多眼界开阔的游客，也让咖啡白痴们感受到仅仅哥伦比亚咖啡和卢旺达咖啡就有多少不同，这比仅仅向他们展示两种来自两家临近农场、差别甚微的咖啡，绝对会让他们难以忘怀；但更为实在的是，任何时候，大部分咖啡馆和烘焙店只贮藏 4 到 6 种不同的咖啡豆，要是它们尝起来完全一样就太蠢了。所以杯测就只能用现成的咖啡豆了。

咖啡师举行杯测时可能会告诉你在用什么咖啡豆，但他们也可能选择进行盲测。显然，后一种方法旨在让你品尝咖啡时摒除预设的偏见，但大部分参加公开杯测的人们对咖啡的认识也就只有一知半解，所以这一点也不怎么重要。

第二步：研磨

咖啡师开始煮开水，每种咖啡豆都被研磨成相等的量。你会将每种磨粉都闻一闻。但不要弄到鼻子上。这个阶段你可能注意不到有什么重要的信息，但要有一种"愉悦地感受到惊喜""保持好奇"，以及"密切留意它们之间的不同"的样子，你闻咖啡粉的样子会让你看起来知识渊博，以在气势上吓倒其他品尝者。

第三步：调制

水准备好了之后，咖啡师就将热水一点点慢慢倒入每杯的咖啡粉上。一些杯测活动还会让你在这个时刻再次闻一下咖啡，但更有可能的是，你得等咖啡在杯中慢慢浸泡个 3 到 5 分钟，每个人都只好尴尬地随便聊聊。

第四步：破壳

咖啡煮好后，咖啡粉会在顶部形成一层厚壳，而你已经听够了旁边名字是艾琳的品尝者聊她女儿在爱荷华州康瑟尔布拉夫斯的美甲沙龙。现在轮到真正的乐趣上场了——并不仅仅因为艾琳终于要闭嘴了。你俯下身贴近咖啡杯，用鼻子掠过其上，用一个小勺穿过顶部的结壳，直入底下的液体中。结壳被推进杯中，芬芳四溢，扑鼻而来。快速移至下一杯——别人已经破了这杯了，但总还有很多余味可以闻一下。重复着穿梭于每一杯之间。没错，俯身研究一杯杯咖啡的你看上去会显得很愚蠢。以及，你还是极可能会把粉壳沾到鼻子上的。

第五步：品尝

一旦你都闻过一遍，要么你要么咖啡师会把杯中的咖啡粉结壳给弄掉。这基本上就是在浪费时间，但首先：把你的脏勺子洗洗干净，你这个猥琐的家伙。咖啡师会给你一杯水，然后每喝一杯你都可以用这杯水洗一下勺子。这么做不仅可以防止咖啡之间串味，还能将你和艾琳隔绝开。

"正确"的品尝咖啡的方法，是盛满一勺咖啡，尽可能放肆地发出很大声音地喝一口。我是认真的！将咖啡吸进嘴里，均匀地散布口腔，全方位围绕你的舌头，送至你的鼻腔中，让你的味觉和嗅觉同时启动。你可能已经见过葡萄酒品尝也是这样进行的，但是不知道为什么，咖啡品尝者做得更大声也更烦人。

真正的杯测者总是会吐掉咖啡。你可以选择不这么做，但你可以保留这个选择。吐掉咖啡能让你在每一口品尝之后味觉恢复干净，但在一个公开的杯测现场不大会有痰盂，所以这意味着你得准备一个杯子来吐，然后整场活动你都得端着它一起晃悠。鼻子上的咖啡渣，以及环绕你的喝咖啡的大声响，都会重写你对羞耻的定义标准。

第六步：更多地喝，也更多地聊

你要这样数次去采样每一种咖啡。当咖啡冷了下来，风味发生变化，你必须持续去啜饮，啜饮，啜饮，直到你将咖啡风味轮都品尝出来。

传统来说，品尝结束之前人们都不会去谈论或比较各自的品尝笔记。如果艾琳说她能尝出野莓烤馅饼的味道，你可能马上会说，"噢，耶，野莓……"甚至此前你已经尝出的味道更像是一个红糖肉桂馅饼。但公开杯测有时会忽视这些规则，有利于人们品尝后就能立即辨别出风味。不管怎样，有时这就是你和其他人分享想法的机会。咖啡师将会告诉你并没有所谓"错误"的描述词。但他们的真实意思是，他们将会回应那些他们认可的风味描述笔记，并且说"对，确实是有这些风味的存在"，而那些他们不同意的呢，"嗯……好吧，当然了"。

首先，辨别咖啡中的每种个性就是很棘手的。但不要说那样白痴的话，"呃，它尝起来像是咖啡？"注意集中在风味和香气上，以及饮品在你口腔中的感受。你不需要定义所有的东西，只要努力磨炼出一种特质，像是在听一首歌时精准找到它的低音旋律（bassline）。

说出"这让我想起中学食堂的布朗尼蛋糕"也没什么问题，但要考虑到现场其他人不大可能去过你的中学，这种观察描述就不是很有指导意义了。所以下面这份备忘录能帮你将你尝到、闻到和感受到一些奇奇怪怪的味道转化为咖啡语言：

> 闻起来像坚宝果汁连锁店 [①]：热带水果。

> 尝起来像士力架：坚果和巧克力风味。

> 嘴里感觉光滑得像是刚吃了一块 1 美元的披萨：奶油口感。

> 闻起来像妈妈喷在浴室里的空气清新剂：花香。

> 尝起来像周日清晨我的嘴：烟草味，干燥。

> 尝起来像是周六清晨的嘴：酒味。

> 闻起来像我仍然记不太清的某个单身派对：皮革味。

> 感觉嘴里很干：涩。

> 尝起来像刚舔过一个 9 伏特电池以检测舌头是否还能工作：碱性的。

> 闻起来像，呃，某种香草点心：豆味，葱味。

> 尝起来像国际煎饼店 [②]：糖浆，焦糖味。

> 尝起来像圣诞节饼干：红糖甜味。

> 闻起来像涂料稀释液：松脂香。

---

① 加利福尼亚州的一家水果饮品公司。

② 全名是 International House of Pancakes，是一个美国的连锁餐厅，专门做早餐食品。

延伸阅读

> "左海岸烘焙"（www.leftcoastroast.com）是一个非常棒的在线指南，关于北加利福尼亚、俄勒冈州以及华盛顿地区的咖啡烘焙店和咖啡馆，以及它们背后的人们。如果你住在这些地区，或是正打算前往，它能引导你找到最好的咖啡体验，和一些美好的人们。

> 食客（www.eater.com）是一个大城市食品新闻博客的站点，基本算是餐饮产业的《好莱坞报道》。很多城市博客都有一个重复出现的"现在去 [城里] 哪儿喝咖啡"的专题，通常都会是一个非常好的——如果没有明确定义的话——在任何城市都能引导到更好的咖啡地点的指南。

> "33 杯咖啡"（www.33books.com）更确切地说它更像是一个专业写作的工具。这是一个比较小的口袋笔记本，可以让你记录喝到的不同咖啡，并且有专门用来做品尝笔记的位置，如烘焙日期、调制方式等细节，甚至每一页上都印有风味轮。觉得太花哨了点？当然

是有点，但是它一本只要 4 美元，而且这种新奇感甚至能诱使你的家人朋友也加入到你的家庭杯测活动里来。

> 反文化咖啡（www.counterculturecoffee.com）的网站上有一个不可思议地细致而引人注目"咖啡品尝师风味轮"，你可以随意下载并打印出来。它满是一些能唤起回忆的、专业化的描述词，像"柠檬草""甜面包点心""大豆酱"，都能给人留下深刻印象。

FIVE

5. 家庭调制

现在你应该知道什么才能算得上是好咖啡了。你已经看到一杯好咖啡是如何制作的。现在轮到你自己来做一杯了。

一些咖啡迷全在家喝自己调制的咖啡，去咖啡馆也只为了买咖啡豆；其他人则继续去咖啡馆直接买现成的饮品。在你体会到劳动力市场的残酷、高昂的大学学费以及自己智力体力都是有限的之前，就像你妈对你说的：你能成为你想要成为的一切。这一刻，远离咖啡馆的服务而运用你自己的咖啡师技艺来制作咖啡，可能是更好的想法。不仅因为想要学到真正好的东西就需要不断练习，更因为舍弃这杯咖啡而节省下的 4 美元能帮你攒钱买到自己专属的咖啡调制设备。

咖啡极客

本质上，在家制作一杯好咖啡要比在咖啡馆直接购买便宜很多，而在此之前你还是需要有一定的资金投入。有一些物品是你不必购入的——目前而言——但也有一些则是你必须去买的。下面是一份当前你绝对需要的设备列表，你可以把它们加进购物车里。

一台咖啡机

呃，我们将会简短地讨论一下细节。

一台磨豆机

为了成为一个无可救药的咖啡极客，你的设备投资里最重要的就是磨豆机。可能这听起来不太符合逻辑：难道不该是咖啡机才是最最重要的东西吗？还真不是。20美元的咖啡调制器具可以制作一杯好咖啡，但是20美元的磨豆机可不行。

首先我们要打消这个念头：你必须买一台磨豆机。

咖啡豆表面积越大，它们就会越快失去风味和香气。直接把咖啡豆磨成极细的颗粒？那会造成很大的表面积。就像一家好的咖啡馆，总是到顾客下单之后才开始磨咖啡豆，如此才能保证你喝到的是最佳状态的咖啡。所以，不要去买预先磨好的咖啡粉，不要在买咖啡豆的时候让店员给你磨好。你得自己在家磨咖啡豆。

有两种类型的磨豆机：磨刀式磨豆机和磨盘式磨豆机。我们来认识下它们。

磨刀式磨豆机

关于磨刀式磨豆机你所需要知道的就是：它们就是垃圾，你完全没有购买的理由。

好了，这里还是有一些细节知识的：磨刀式磨豆机有着两片直角刀片，旋转起来就像一个激烈的螺旋桨。如果你家里已经有一台咖啡磨豆机了，几乎必然地它是磨刀式的。扔掉吧（或者留着用来碾磨香料，随便你了）。

磨刀式磨豆机便宜而又原始。它们简单粗暴地劈砍咖啡豆，部分地磨成粉，同时又保留部分完整无损。而这就是个问题，因为我们需要研磨均匀的咖啡粉——既因为风味需要从每个颗粒里均匀地被萃取出来，也是为了让你喝完咖啡后杯子里不至于会残留咖啡渣。更糟糕的还有，磨刀会产生很多热和摩擦力，会让咖啡喝起来有烧焦的味道。

换句话而言：磨刀式磨豆机就是最最糟糕的。

磨盘式磨豆机

可能你已经有几台这种机器了，即使只是手工型的：磨盐和香料的碾磨器。没错，你在烹饪调味时已经用上了更优越的碾磨机，但制作咖啡时你居然还没用。

磨盘式磨豆机的基本原理是使用两片金属面碾碎咖啡豆使之成为均等大小的粉末。圆锥形磨盘主要工作部件是一个有很多尖脊的锥形机械装置，而平底磨盘是由两片带有尖脊的圆盘构成。这两种磨盘的工作效果都很好，尽管你会发现更贵的机器一般配备的是锥形磨盘。磨盘式磨豆机也确实不便宜——入门款价格大概在100美元左右，商业级设备的价格则高达几千美元。

高端机器有各种各样的响铃和汽笛（当然，是由更高品质和持久性的材料制作而成），但和便宜款最根本的区别在于发动机——廉价机器一般都采用高速发动机，而昂贵机器的发动机转速相对较低。后者更有优势的原

圆锥形磨盘磨豆机

因在于高速发动机工作过程中会产生更多热量，但不必一开始就为这些细节感到有压力；你还是能够用一台经济型的磨盘式磨豆机制作出真正不错的咖啡，当你有更多预算时再考虑升级设备也不迟。

下面是其他一些你购买磨豆机时需要做的抉择：

分级 or 无分级

不同的咖啡机使用不同颗粒大小的咖啡磨粉。这些并不是饮用指南，而更像是视频游戏格式——你能将一张 Xbox 光盘放进 PC，但是它没法让你玩使命召唤。类似的，你用法压壶做咖啡时可以用到一些非常细的咖啡粉，好吧，它仍会是杯咖啡，但是会非常的糙（这也是为什么你最好不要在商店里买磨好的咖啡粉——你会被迫接受这一整袋咖啡只能用一种特定调制方式的结果）。所以你不仅仅是想要买一台好的磨豆机，更重要的是一台能够磨出你所需要的颗粒大小的最佳磨豆机。

一台分级式磨豆机有一系列预设的磨豆尺寸（可能是从 9% 到 50% 以上的任意范围），你可以通过旋钮或拨盘来选择你需要的尺寸。而一台无分级磨豆机，就像它的名字所表明的，是没有这样的"分级"的——你能把它调到无限种尺寸。

这两种风格各自利弊都很明显：分级磨豆机使用起来更加简单，如果你经常在两种尺寸里调节的话，它会减少你使用过程中的麻烦，但同时你的选择也就受到限制了——要是你就想在某种设定的基础上再磨细一点点呢？抱歉，恐怕要让你失望了。而无分级式的磨豆机正相反，它提供了更加灵活的空间让你做尝试，对初学者而言也会更复杂，也有点——你怎么才能对准最佳的爱乐压所需要的尺寸，当你甚至都不知道你能操作多少范围？

定量 or 不定量

如果你曾看过咖啡馆里的咖啡师制作意式浓缩咖啡前的磨豆操作（都到这儿了，我只能希望你已经看过很多次了），你可能看到他们会拉一下磨豆机侧面的控制杆——每次拉的时候你都能听到一声远远的"咔擦"——然后他们会将一份少量咖啡磨粉装进放置其下的手柄过滤器里（就是那种会被放进意式咖啡机的带有手柄的过滤器）。

那是一台定量磨豆机。当你把咖啡豆放进去，打开开关，咖啡粉并不会自动地从另一端自己跑出来。它们会被收集在一个圆形容器内，再分进多个 7 克分量的隔间里（你知道玩常识问答棋盘游戏时要在板上移动的那个小塑料轮？就跟那个玩意儿差不多，但你不必回答正确那些难得要死的地理问题才能成功装配它）。每次拉动控制杠，这个圆形容器就会转动，而每个分隔——或者称"剂量"——都会从一个孔落下，你可以用任何容器在它的下方接住磨粉。

一台不定量的磨豆机更像是一个木制的削片机：咖啡豆放进去，咖啡粉就会源源不断地磨出来，直到你按下关闭键。它会导致更多脏乱（尽管很多不定量磨豆机装有一些容器来收集咖啡粉），但也更为灵活。

确实，定量机制对制作意式浓缩咖啡的人来说极为有用（剧透警告：那指的不是你），而且是频繁制作（再说一遍，不是你）。简单来说：你家里并不需要一台定量的磨豆机。但至少现在你知道了那声"咔擦"意味什么。

手摇磨豆机

手摇式磨豆机是很赞的。它们是磨盘式的，价格相对便宜，具有很高的便携性，而且它们能让你看到磨咖啡豆过程的基本机械原理。问题在于你得徒手来给它注入动力，这个过程既无聊又极为耗力。

所以，就长远而言，你不会希望制作咖啡的大部分时候用的是手摇磨豆机。想象下，你带某个约会对象回家"喝杯咖啡"，一上来得先花个 20 分钟的时间摇动磨豆机的曲柄，疯狂得像是一个糟糕的手风琴乐手。

　　但是如果你只是因为支付不起一台好的通电式磨盘磨豆机，手摇式磨豆机仍然是优于磨刀式的，也同样优于购买预先磨好的咖啡粉。痛苦的咖啡制作过程迟早会让你有足够动力去乞讨、借钱，或是偷钱买更好的设备。

　　一台手磨机一般要花费 40 到 100 美元不等。比较贵的机器一般会使用木质和金属材料，而便宜的则用塑料材质装配，不过操作起来都一样好用。它们可以是分级的或者无分级的，装配平行式刀盘或锥形刀盘，但很明显的是它们都不会是定量型的——你自己知道磨到什么时候足够就行了，摇到胳膊酸疼你就会喊"够了"。

咖啡豆

　　制作咖啡需要咖啡豆。参看第 6 章来了解去哪儿以及如何购买咖啡豆——如何买到好的咖啡豆。

秤

没有好秤你是很难烘焙出一块漂亮的面包的，也不能成为一名成功的毒贩。但没在第一步测量各种材料你能不能制作出好咖啡？

让我们先回到烤面包上。正如大部分专业烘焙师会告诉你的那样，很多人在家烤面包或蛋糕时犯的最大错误，是他们测量原材料时用的度量是容积（使用量杯或量匙）而不是重量（使用食品秤）。称量 4 盎司的面粉是非常精确。但一杯面粉就不是这样了——面粉的种类、贮存方式、是否过筛，都会影响到同样重量的面粉所占的体积。咖啡豆也是如此——不同产地、品种、处理方式，以及烘焙风格都会导致你所购买的咖啡豆的密度有所差异。甚至就算你试图每次都将一茶匙填满到精准的同一个刻度，抱歉，你还是很难做到。

所以对于日常制作咖啡来说，精准测量的最佳方法是什么？以重量为衡量标准。用上你的秤。

用容积来测量水显然准确得多。但是！水煮开之前称重是没意义的，因为有部分水会随着蒸发而减少，同样煮开以后再称重也是有问题的，因为在你折腾地倒水称量的工夫里温度就开始流失了。更好的方法是将调制咖啡的工具直接放在秤上，在你给它加水的时候就开始测量重量了。这样既不会浪费时间，也能减少错误。

有些调制方法（比如法压壶）相对另外一些（手冲），不使用秤也不会有太多影响，但对于制作出稳定而精准的咖啡来说用秤总不是坏主意。此外你也能大大减少咖啡的浪费，长期的话就能省上一笔花销。

用秤的时候你需要关注什么

还有一些专门被设计出来用来辅助咖啡制作的高级秤，具备一些特色功能如内嵌计时器和滴水托盘。甚至还有和秤配合的智能手机应用，能针对你的手冲技巧提供反馈。如果你有 150 美元挥霍在那样的一把秤上，那你就去买吧，但实际上是没必要。当你真正着手开始了，只要 20 美元就能入手很好的秤。然而你确实需要一把具备以下功能的秤：

> 它得是电子的（换句话说：你不能用体重秤来代替）；

> 它得是以克为单位来显示刻度；

> 它须精确到至少 0.5 克；

> 它要有"去皮"功能——当你把你的调制器具放在秤上时按下"去皮"按钮,读数就会自动归零,减去了所放置的重物的重量;

> 它最好不要自动关闭(可能是 30 秒)或至少能重新设置这个功能。很多咖啡调制方法要求你用几分钟时间来缓慢倾倒热水,所以很明显的,整个过程里秤都需要保持启用的状态。

杯子

确实,你需要一些杯子用来喝咖啡。当然,有一些专门为咖啡而设计的杯子,但它们对你享用咖啡会有明显的影响吗?并没有。当然那些能保留温度的杯子会好一点,也许能稍微有利于香味的散发,但你真的没必要买它们。如果你已经有一个咖啡杯,只要里面不长东西的话你就继续用好了。

但意式浓缩类咖啡是例外,特别是意式浓缩和玛琪雅朵这种小量的——用一般容量的杯子来喝这类咖啡简直会让人尴尬和不愉快。所以,如果你执意要坚持在家胡乱制作意式浓缩咖啡，那你确实需要一些这样的杯子。但对于其他调制方式的咖啡，买车险附送的杯子已经足够好用了。

玻璃水瓶

如果你打算一次制作比较多的咖啡——可能是为一群人也可能只是因为你自己想要一次喝上几杯——你可能会需要将制作好的咖啡倒入另一个容器，用来保温以及／或是为了停止咖啡的浸泡过程。当你用的是大号的手冲器具或是法压壶时你更加需要一个这样的容器。

有一些特别的玻璃容器——一般售价在 15 美元到 35 美元不等——但如果你不太考虑造型是否美观，一个热水瓶足以满足需求，或者还可以循环利用旧的咖啡滴滤壶。

水壶

不管你用哪种调制咖啡的方法，你都将需要一个烧开水的装置，一把壶或是微波炉是不够的。对某些调制方法而言，目前你在厨房里用的烧水壶就符合基本需求了。而其他方法，则需要你非常缓慢而准确地倒入热水，而你炉灶上的那块老旧的廉价金属就很难让你做到，因为它的水流非常大并且急，你几乎没办法去控制好它。

在这些情况下，投资一只专业的鹅颈壶（有时也被叫作"天鹅颈"）就是一个不错的选择——如此命名的原因是它有着长长的、薄薄的、弧形的水柱，看起来像鹅的脖子一样（如果那只鹅碰巧弯曲着它的脖子，同时还以直角的状态保持平衡，而这已经被公认是不太可能的情景）。你能在线或是从咖啡设备商店里买到它。比较便宜的炉灶用壶价格在 30 美元左右，而电子款的则会花费你至少 60 美元。一些电子壶能够指定多个确定的温度，并且能让你休息时壶的温度保持不变，如果你乐意为额外享受而花钱的话，这确实会非常便利。

过滤器

普普通通的过滤器很容易被人高估，但你要是做出购买决定的话，的确会对你调制的咖啡最终口味和品质有所影响。有些咖啡调制器具——像是法压壶、摩卡壶，以及虹吸模具——会有内置的过滤器，所以用它们的时候你基本上不用考虑过滤器的问题。但滤纸有着多种多样的选择。一些咖啡调制器具会与一系列的滤纸品牌适配，所以你得在价格和可用性上额外做选择。而其他的则只能用制造商售卖的特定滤纸。不管怎样，你会遭遇一个通常的抉择，就是买"天然"棕滤纸还是买漂白滤纸。这基本上是一个道德选择问题。很多人发现用棕滤纸做出的咖啡里会有一种纸的味道，而漂白的滤纸却不太环境友好（相比而言你每次做咖啡过程中丢弃纸就算环境友好了）。起码，尽量选择氧漂的白滤纸，而不是氯漂的滤纸——不管怎样，如今主流品牌大都是氧漂的。

对于很多咖啡调制器具来说还有一个选择，就是可重复使用的金属过滤器。这可以减轻制作咖啡过程中对环境的影响，但要注意的是这些过滤器会对咖啡的味道产生戏剧性的影响。这并非就必然是件坏事——举个例子，

Chemex 壶的不锈钢过滤器，已经建立起牢固的粉丝基础，正是因为比起制造商配套出的标准滤纸，它产出的咖啡醇度更为饱满，口感更佳——要知道你是在做一些不一样的尝试。

温度计

水在达到 212 华氏度时沸腾，但调制咖啡的最佳水温是在 195 华氏度到 205 华氏度之间。你可以在水沸腾后等上一分钟再使用，好让水温略微降下来一点以达到你所需要的温度，或者，你还可以买一个温度计来确保精准度。你会需要一款防水的并能快速反应的温度计，通常价格会在 15 美元左右。

水

绝大部分咖啡 99% 的成分都是水。如果你用不太好的水来调制咖啡，最终的成品口感也不会好到哪儿去。如果你所在的城市的自来水就不太好，首先你就需要将水过滤再使用。

选择你的调制方式

　　最重要的，你应该努力达到熟练掌握几种咖啡调制风格（或至少，要获取一定的应用知识足以装逼几分钟）。但是最简单的在最短时间内提升你的咖啡技能的方法，是选择一种你能完全沉浸其中的方式（一语双关[①]）。老实说，如果你真的是懒癌晚期，你还可以挑出一种方法然后反复练习，直到彻底搞定——只要你对它工作原理的了解，以及你喜欢它的理由都足够充分，当你在和其他咖啡因沉迷者争辩时你就有足够的知识储备了。但你应该知道，到底哪种方法才是真正适合你的。

　　显然，味道和品质应该是你做选择时首先要考虑的因素，但不管哪种方式只要你喝得足够多的话，你都会喜欢上它。价格、便捷性、难度，以及能不能扮酷，这些也都是你需要一并考虑的。你不会在选购鞋子或车的时

――――――――――
① 原文的 steep 也有浸泡咖啡的含义。

候只考虑舒服（甚至完全不是为了舒服），所以不要觉得咖啡制作方面的消费理由会有什么不同。

在检阅所有选项之前，我们先坦诚地谈一谈意式浓缩咖啡机。

意式浓缩咖啡机

我们先承认了吧：你认为你想要一台家用意式浓缩咖啡机。但其实你不是真的想要。

你会用到的大部分其他咖啡调制设备都是非常低保真的：它们没有很多活动部件，使用的技术也不是特别复杂，甚至最简单的模式已足够使用了。意式浓缩咖啡机是，好吧，是真正意义上的机器。一台意式浓缩咖啡机的好坏直接与最终产出的浓缩咖啡的品质相称。马丁·斯科塞斯没法用翻盖式手机的摄像头拍出一部伟大的故事片，就算是位冠军级的咖啡师，也不可能用从沃尔玛买的一台250美元的咖啡机做出一杯好的意式浓缩咖啡。

所以，第一条理由就是：价格。品质优良的家用意式浓缩咖啡机一般最低价格在700美元左右，其余也只会比这更贵。此外，为了研磨足够细的咖啡粉，你还需要一台昂贵的电动磨盘式磨豆机，所以最终你会花费庞大。

而第二条理由呢？难度级别。有一个理由是，你最爱的第三浪潮咖啡馆只雇用有在其他第三浪潮咖啡馆工作经验的专业咖啡师，而大型连锁店雇用的都是些无所事事的 16 岁少年：调制出好喝的意式浓缩咖啡是种技能。即使你曾用过专业级的浓缩咖啡机，你依然需要做很多的训练和实践。而你在学习过程中做出的浓缩咖啡应该是很难喝的。学习如何制作蒸汽牛奶的过程里，你所消耗掉的牛奶足以填满一个小岛国。

但即便你有买一台好机器的闲钱，以及空闲时间去学习使用方法，这里还有一些别的因素让你重新思考你是否需要买意式浓缩咖啡机：

> 咖啡机会制造各种混乱；

> 你必须保持咖啡机一尘不染才能做出好咖啡；

> 清洗咖啡机相当痛苦；

> 会占据很大空间；

> 而高档磨豆机占的空间更大；

> 太多噪音；

> 当你邀请朋友们来喝咖啡时，你将不得不为每个人做每一杯浓缩咖啡，这会花上很久时间，做咖啡时你

跟朋友说话得靠吼，然后你还得花上更多时间去清理你自己制造的一片狼藉，最后你的朋友们还会对你业余的拉花水平感到失望，因为他们在街上随便买一杯咖啡的拉花都比你的好得多，而别人只要一半时间就做好了。

一旦你熟练掌握了其他几种咖啡调制方法，你就能像个专业选手一样拨动无分级磨豆机，在盲测中鉴别出牙买加蓝山咖啡和埃塞俄比亚哈拉尔咖啡，如果此时你仍十分向往在家制作浓缩咖啡，那你就去吧，几个月的薪水花在一台闪亮的产销型机器上。达到这点之前，我还是强烈建议你把时间和钱花到别处更好。

现在有点跑题了。我们来对更多更加实际的选项逐个了解，并权衡它们各自的利弊。

伙计，方法！

咖啡制作方法和实际的咖啡设备之间的区别确实会让人很困惑。我们一般所称的"手冲咖啡器具"采用的是手冲调制的方法，意式浓缩咖啡机对应的则是意式浓缩方法，但是法压壶采用的是……浸泡法？我们挨个了解一下。

浸泡：就是将咖啡粉充分浸（泡）在水里一段时间。因为水会在此过程中吸收咖啡的风味，这种方法制作出的咖啡会有更浓郁、更丰富的醇度。

例子：法压壶，虹吸壶，冰滴咖啡。

手冲/滴滤：这类方法里，热水是倾倒在咖啡粉上的，将咖啡粉浸透，然后通过过滤器滴漏下来。"滴滤壶"这个词也包括标准型的家用电动咖啡机，当谈到人工咖啡设备时，它们需要你亲手将热水倾倒在咖啡粉上，一般就会使用"手冲壶"一词。手冲咖啡会有更干净、更轻的醇厚度。

例子：Chemed 手冲壶，Hario V60，Melitta

意式浓缩咖啡：因为对美国而言，意式浓缩咖啡比较新颖，很多人认为它是"咖啡"之外的独立体。停止那样的想法。意式浓缩仅仅是另一种咖啡制作方法而已。

法压壶

法国人有调制和饮用糟糕咖啡的传统，并且今天也毫无减弱的迹象（尽管如今巴黎有一些很好的咖啡馆了）。仍然，他们给世界的就是这种了。法压壶的首次专利——19 世纪 50 年代确实有几个法国人为咖啡机申请了专利，虽然它的发明通常是归功于一位意大利设计师，他在 20 世纪 20 年代的专利成品与今天我们所用的咖啡机更为接近。

不过我还是把法压壶算作法国人的好了，因为这种调制法多年以来都没什么变化：你在玻璃壶里倒入咖啡粉，再倒进开水，等上几分钟，然后将金属滤器压到底；咖啡粉都被压到底部，咖啡液体挤压到上面。最终制作出的咖啡比较醇厚和粗野，但也有点油腻。

这种精巧的设计在欧洲流行了几十年，但就像电子邮件营销一样，只能在美国发展壮大。到了90年代，大部分高端的咖啡馆里法压壶已不再流行，大批量的咖啡制作交给电动滴滤咖啡机，手冲方式则用在定制化的交易中。

优点：法压壶非常便宜、快捷，并且简单，你能一次制作出几杯咖啡，这个特点使得它在工作场所显得尤为有用。更重要的是，你还能以它的较大尺寸以及迷人风格为理由在桌上摆放一只，立即呈现出一派欧式风格。

缺点：多孔式过滤器意味着会常有不能溶解的沉积物混进咖啡里，比肯·洛奇[①]的电影都更有颗粒质感。

平均花费：丹麦公司Bodum所出品的法压壶相对而言比较好，一把壶的最低价格通常在30美元左右。的确，你可以选择更便宜的，但是你不会喜欢便宜

_____
① Ken Loach，英国独立电影与电视导演编剧。

的——越劣质的过滤器，制成的咖啡就越不干净。咖啡煮好之后，你也需要立即将咖啡倒进另外一些容器里，而正如在本章前面的内容里讨论过的，你的家中应该已经备有适合的器具了。

难度：非常低。

咖啡信誉度：如果你想确切地知道法压壶究竟是从什么时候开始不再流行的，答案就是 2004 年 7 月 20 号，那天播出的美剧《粉雄救兵》（*queer eye for the straight guy*），其中一幕是泰德·艾伦向一位 66 岁的老人推荐了法压壶。它当然是一种可靠而值得被推崇的咖啡调制方式，但已经不能吸引任何人了。

手冲壶

最早的手冲壶是在 1908 年由一位德国家庭主妇发明的。这可能就解释了为啥你奶奶也会有一把手冲壶。别因为这个你就熄灭了对它的热情——在 21 世纪头十年的后期，手冲咖啡开始广泛地受到欢迎并流行开来——这要特别感谢一个日本手冲壶制造商，他们的产品 Hario V60 在美国市场取得了成功，很多咖啡师都非常喜欢它，另外也非常要感谢美国制造的 Chemex 壶（参见下文）重现市场。

还有一些日本品牌——Bee House，Bonmac，Kalita——（市场上也有一些并非来自日本的品牌）它们在产品设计和制作材料上差异并不显著。尽管，它们主要的工作原理都是一样的：你在圆锥形的咖啡器具里放置好一张滤纸（或者是金属过滤器），再将磨好的咖啡粉放进去，慢慢地倒进热水于其上；水流通过咖啡粉，萃取出咖啡的风味，穿过过滤器最后滴漏进置于其下的杯中。这种方式调制出的咖啡很干净，风味十足，香气迷人——只要你的每一步都没出错。

优点：是种相对便宜的咖啡制作的学习方法。对滤器孔径、研磨过程、水流速度等变量的调节，都让你能够通过人工控制从咖啡豆中获取最好的咖啡。同时，各式各样的手冲产品价格全都便宜到你可以收集齐，然后告诉你的朋友们："所有人都知道V60，现在谁都能在Crate&Barrel买到。但我不得不从横滨买Kalita Wave滤纸，但这是值得的——它的萃取结果好太多"，他们会对你另眼相看的。

缺点：太多的变量也意味着你能出错的地方会很多。尽管它们看起来非常简单，有一种很好掌握的假象，但你得反复练习才能找到正确的手冲调制速度和模式。

平均花费： 手冲壶本身都是非常便宜的——最便宜的像是塑料的 Melitta 只需 4 美元，好一些的玻璃或陶瓷制成的 V60 也不过 20 美元——一包滤纸只要 4 美元左右（除了 Kalita Wave 滤纸，一包得 13 美元）。但你绝对，绝对应该买入一个鹅颈壶，那就是有关手冲设备的所有消费里最贵的一项投资了。现在市场上有很多手冲调制的配件——支架、醒酒器、金属滤器——但这些都是可有可无的。

难度： 中等到难，取决于手冲器具。

咖啡信誉度： 很可靠。当然，如果你的器具越日本，越晦涩难懂，就越能给人深刻的印象——毕竟，昂贵的 Kalita 滤纸应该还是值得额外花销的。

Chemex 壶

技术上来说 Chemex 也是人力手冲咖啡壶——制成的咖啡也并不是完全不一样——不过，现实生活里，Chemex 咖啡壶外形上的魅力还是值得你多关注下的。不同于放在杯子上的滴滤咖啡壶，Chemex 是一个整体——

有着大沙漏外形的玻璃壶，可以在上部放入滤纸，咖啡会滴滤进底部的空间里。这款咖啡壶最近的风靡，很像它那些更家用型的小手冲壶表亲们的流行历史一样，但是它长久以来都是包豪斯风格设计和功能上的典型标志。1941年，位于美国的德国人发明了它，自1944年开始Chemex壶就成为纽约现代艺术博物馆的固定藏品，并在电影《爱在俄罗斯》中被詹姆斯·邦德使用过。

优点：除非你的意式咖啡机附送乔治·克鲁尼或佩内洛普·克鲁兹，否则，Chemex壶就是一只咖啡壶所能拥有的性感的全部了。真的，就算你从来都搞不清怎么用它，它还是具有极高的装饰性价值的。假设你真的会使用它了，你就会发现它操作和掌控起来都要比其他手冲壶容易一些。它制造出的咖啡相当干净，这要多亏了更薄的滤纸，而大瓶身也能让你一次可以多做出几杯咖啡。晚宴最后你拿出了Chemex壶，准备现场调制咖啡，准能震惊（好吧，多少给他们留下印象了）到你的宾客，既是对这种广受欢迎的调制方式，也是对你在设计方面的时尚品位。

缺点：超级费时间。与其他的手冲方式类似，你需要保持举着壶好让水滴流下去，非常地……缓慢……以及精确。对于旅行和工作而言，它也是非常易损坏和复杂。

难度：中等。需要一些练习。

平均花费：玻璃制的 8 杯容量的壶价格在 40 美元左右，而 32 杯容量的，中间包裹着 70 年代风潮的木制和皮革领的则需要 95 美元左右。滤纸大概是 7.5 美元一包，不过可重复使用的不锈钢过滤器现在只要 60 美元。你也绝对会想要给它再配个鹅颈瓶。

咖啡信誉度：超级高。可能当前就是 Chemex 最为流行的时代了。

爱乐压壶

2005 年，由发明家兼斯坦福大学工程讲师艾伦·阿德勒创造的——大概他更为人所知的身份是空气动力飞盘（Aerobie flying disc）的发明者，它是一个形状像圆环的飞盘样子的东西。和飞盘非常像，爱乐压也是塑料制成的，运行飞速。你只要将很小的一张滤纸放进去，再将磨好的咖啡粉，以及热水分别倒入塑料管里，之后，再把另一个略小一些的管子插进去，像用注射器一样压下去就完成调制操作了。它被普遍认为是一种浸泡式的咖啡调制方法，但实际浸煮的时间又是很短的。两个管子之间的空气能施给咖啡压力以穿透过滤器到达你的杯中，60 秒后，你就能得到一杯醇厚柔滑得难以置信的咖啡。

优点：快捷，便宜，便于清理，持久耐用，便携，可口。

缺点：这种调制方法没有手冲壶那种风格和优雅，也不怎么有做实验的余地。一次也只能制作一到两杯。

难度：低。

平均花费：一套爱乐压壶需要 26 美元，外加一包滤纸需要 3 美元。如今有几个公司也有专供爱乐压的可重复使用的金属过滤器，售价一般在 10 美元到 18 美元之间。它们完全不是必要的，但如果是旅行中使用就非常合适了，也给你的爱乐压装备里增加一点多样化，不同的模具都会以不同方式影响到最终饮品。此外，相比滤纸，金属过滤器能让更多油脂通过，这就会得到一杯更加醇厚、风味十足的咖啡。

咖啡信誉度：爱乐压外观并不怎么样，在美国它也是逐渐得到认可的。但如果你想进入到咖啡流行文化的圈子里，这就是非常理想的尝试方式。在全球咖啡潮流的最前沿斯堪的纳维亚，爱乐压已经很火热了，而爱乐压咖啡制作大赛在咖啡竞赛圈（是的，还有这回事的存在）里的地位则越来越高。

聪明杯

塑料制的咖啡滴滤咖啡聪明杯，是由一家叫作爱贝①（真是爱死他们的自信了，有时候你也能看见直接用"Abid"指代聪明杯）的台湾公司制作的，和其他手冲壶看起来是很像的，但它完全是一个奇怪产物——简直是弗兰肯斯坦的创造物。放置一张滤纸以及咖啡粉然后加进热水，都跟平常一样，但这个咖啡机底部是有一个塞子的，所以你可以控制什么时候让液体开始滴滤。让咖啡静静地浸泡上几分钟，这种调制方式介于浸煮调制和手冲调制之间。最后的成品会有法压壶制成的咖啡的醇度和风味，但也具备 Chemex 制作的咖啡的干净度，因为滤纸阻挡了各种沉积颗粒。有这样的塞子也意味着你不必缓慢而小心翼翼地倒热水——这对动作不协调的人和懒癌晚期患

① Absolutely Best Idea Development.

者来说算是福音了。

另一家名为博纳维塔（Bonavita）的公司最近也设计了一款非常相似的产品，叫作浸泡式滴滤壶，所用的材质是陶瓷。

优点：对于那些私下里并不喜欢手冲壶的麻烦之处以及最后制成的咖啡口感的人而言，聪明杯具备了手冲的一切流行元素。同时你还不用去买个花里胡哨的壶来装咖啡，完全就是你用在工作场所的绝佳方案。

缺点：可能你会觉得它也非常适合旅行携带，但实际上聪明杯的持久性并不佳。它不能放进洗碗机里清洗，通常也难以用很久。

难度：低。因为用到了滤纸，相比法压壶，聪明杯要稍复杂一点，但仍是值得一试的。

平均花费：一般在18美元到22美元，取决于你用多大的尺寸，另外加上大约5美元一盒的滤纸。博纳维塔壶则需要40美元左右。

咖啡信誉度：聪明杯因其晦涩不明的外观而获得加分。人们会问，"那是个手冲壶吗？"你就能特别懂地回答道："不，这是我从台湾弄到的咖啡机——"

（其实是能在美国买到的，但技术上来说这也不算是谎话，因为它是台湾制造的）然后镇定自如地开始倒书袋，大谈特谈浸煮咖啡和手冲咖啡之间的区别。另一方面，它比大部分真正的手冲壶都要更笨拙，更欠缺时尚元素——就像矫正型运动鞋能让生活变得更简单、更贴近现实，但这样正确无误的实用性又稍显蠢笨。

虹吸壶

上一章里提过，在美国流行的咖啡馆里，虹吸壶近来已成为流行符号了，但它实际上作为家用咖啡机已有很长的历史了——特别是在欧洲，甚至在美国也是如此。

虹吸壶最早的专利是在德国，申请于19世纪30年代，但第一个获得商业上成功的版本是由一个法国女人在1840年发明的。总的来说，美国人接下来的70年还是继续他们平庸的咖啡调制方式，直到1910年左右，一对来自马萨诸塞州的姐妹申请了一项专利，叫作"Silex"。当时的确有很多美国人购买Silex壶，随后又出现了一些美国设计的虹吸壶，一直到20世纪中叶，出现了更简单、更快速（大部分也更糟糕）的方式将其取代。

令人惊讶的是，之后虹吸壶在日本兴盛起来，不管是咖啡馆还是家庭都表现出了对它的狂热。虹吸壶持续占领日本市场。有些日本咖啡馆只用虹吸壶做咖啡，这个国家甚至还举办了一项世界虹吸壶咖啡冠军赛。

结果导致今天最酷的虹吸壶都是由日本公司生产的，像是 Hario 和 Yama，尽管丹麦制造商 Bodum 和英国的 Cona 也各自有一些流行款式。

优点： 虽然壶本身就已经很酷了，但调制过程更是炫酷。当咖啡突然嗖的一下出现在上部的容器里，你会觉得它简直就是魔法。

缺点： 这种方式要求亲自动手，相当耗费时间，另外虹吸壶本身又非常易碎。不管是玻璃还是火炉都很容易烫伤到你自己——很多人用虹吸壶的时候真的就是戴着手套或者用高温护垫来操作的。正午之前都不建议使用——在你喝到一天中第一杯咖啡前倒腾明火可不是明智的决定。虹吸壶也毫无便携性可言。

难度： 高。

平均花费： 炉灶式的花费大概在 35 到 55 美元，而有内置火炉的不管在哪都需要 35 到 300 美元不等。同时你还得有个温度计。

咖啡信誉度：高。如果你能搞定这种调制方式，你就能让每个进你家门的访客感到震惊（摩门教徒可能除外）。

摩卡壶

自 Vespa 摩托车、Olivetti 打字机，以及法比奥·卡纳瓦罗[①] 的腹肌之后，摩卡壶可能是形式与功能结合得最成功的意大利产物之一了。它制造于 20 世纪 30 年代，今天几乎每个意大利厨房都会有一把（或者不止一把），而在很多拉丁美洲国家也是如此。

尽管有时候摩卡壶会被认为是炉灶式的意式浓缩咖啡机，但技术上来说它并不能调制意式浓缩咖啡。然而它们的工作方式的确很相似：都是让高压水蒸汽通过咖啡磨粉。只是摩卡壶的高压蒸汽的通过方向是向上，而非向下，同时蒸汽压力也比一台真正的意式浓缩咖啡机的要小得多。

① Fabio Cannavaro，前意大利职业足球运动员。

便宜、低技术含量，以及时髦风格（今天你能在很多现代艺术博物馆里看见它们），很容易看出为何它们能在意式浓缩咖啡的家乡如此受欢迎，经济萧条时期更为突出。摩卡壶出品的咖啡可能不会有太多意式浓缩咖啡的感觉，但是也没差得太远，对这个国家大部分地区而言，相比出门探访流行的意式咖啡吧，一台近在手边的家用摩卡壶似乎实用得多。

两个容器以及它们之间的一个过滤篮就组成了一个小的金属摩卡壶。下部的容器用来装水，而咖啡粉则放置在过滤篮中。水加热后产生的蒸汽会将水压进漏斗一路向上进入到过滤篮。随后水又会被挤压着进入顶部的容器，喷涌出醇厚浓烈的咖啡。

优点：经典风格。对于手工调制而言，算是在一定程度上解放了双手。

缺点：产出物会有一点浑浊，同时常因为很容易过热而导致过度萃取。如果你的使用方式不正确，摩卡壶会把热咖啡喷溅到你身上，像是一只发怒的羊驼。

难度：理论上算比较容易，但也很容易搞砸。

平均花费：一个小型的铝制壶在 15 美元左右，而一

咖啡极客

165

个偏大的光滑的不锈钢壶大概需要 50 美元。也有一些特别美观的款式，价格则会超过 100 美元，但你真的没必要买那么贵的，除非你就是想获取它们的美学价值。

咖啡信誉度：摩卡壶仍是咖啡流行圈里相对分裂的咖啡制作设备——它能做出很好的咖啡，但也经常做不出来，因此很多人宁愿使用其他方案。这么说吧，你的摩卡壶技艺使一个人感到惊讶的概率只有一半。

摩卡咖啡

在意大利点一杯"摩卡咖啡"你会得到一杯用摩卡壶调制的咖啡，而在美国点"摩卡咖啡"你拿到的会是一种巧克力味的玩意儿（详见第 4 章）。尽管两者毫不相关，但它们都是以也门的港口城市摩卡来命名的，而这座城市在过去是一个大型的咖啡市场。

咖啡树有一些摩卡变种（有时候写作mokha，moka，或mocca），一般推测是发源于也门，如今在其他地方也能够种植。

更加令人不解的则是"摩卡－爪哇"咖啡。O.G.拼配咖啡豆最早是一种混合了真正的也门摩卡豆和印度尼西亚的爪哇咖啡豆的创造物。名称虽这样保留了下来，不过近来它其中的摩卡豆通常会被埃塞俄比亚咖啡豆所取代（也门仍然在生产咖啡，但出口并不多），爪哇豆有时候则是来自印度尼西亚的某些地方。

土耳其咖啡

说真的，土耳其咖啡，塞浦路斯咖啡，希腊咖啡，埃及咖啡，黎巴嫩咖啡……基本上是同一种东西。但你在这些国家的时候可不要这么说。当然，在咖啡的调制和服务上还是有一点轻微的地域差异的，但在中东的众多国家、北非，以及一些地中海的餐馆，一餐结束时享用的这种厚重的咖啡大体上都是一样的——并已存在几个世纪了。

这种咖啡被装在一个小的黄铜制或铜制的壶里，它的名称有很多种，你可以叫它 ibrik，briki，或 cezve，这取决于你是跟谁说话。在炉灶上反复加热土耳其咖啡壶，直到咖啡顶部形成一层厚厚的泡沫，然后将咖啡混合物倒入一个小型的咖啡杯中。调制时可以加入糖（非常非常多的糖），也可以加入小豆蔻或其他香料磨粉一起煮。

在现代咖啡世界你很少听到土耳其咖啡，但当用上品质不错的新鲜现磨咖啡豆时，它确实是意式浓缩咖啡之外不错的选择。它的风味醇厚而强烈，但因为未经过滤通常口感会有些粗糙。

优点：做起来相对容易。有些漆画过的土耳其咖啡壶非常华丽。在家喝土耳其咖啡的时候，搭配上烤肉串和水烟都是正当的文化活动，下次你可以放弃周六晚上不健康的娱乐活动而试试看这样。

缺点：除非你的客人能识别杯底的咖啡粉，否则，他们很可能因为喝下最后几口咖啡而好感全毁。

难度：这种调制方式操作简单，但需要集中注意力，要是咖啡全煮沸了就算毁了。

平均花费：朴素的小型土耳其咖啡壶价格最便宜的有 13 美元，而大容量的、精雕细琢的或是表面有装饰绘画的款式的价格能到 60 美元。但你还需要一个能磨出很细的咖啡粉的优质磨豆机。你能在网上买到 60 美元左右的土耳其特色的手动磨豆机。

咖啡信誉度：最低。大概也只有你那嬉皮士的叔叔——曾在 60 年代徒步穿越中东——会对你刮目相看，但这种风格在咖啡行家那儿永远算不上多酷。

独奏咖啡壶

这是啥？确实，你大概从没听说过这种浸滤式咖啡机，这可是个遗憾，因为它做出的咖啡非常不错，另外，它的外形也十分迷人。独奏咖啡壶是一家名为 Eva Solo 的丹麦公司（在美国通常就把这种咖啡壶叫作 Eva Solo）大约在 10 年前发明的，自诞生就收获了很多粉丝的喜爱，不过之后也渐渐从人们视野里淡出了。

独奏咖啡壶实际上就是一个玻璃水瓶，它的瓶颈位置有滤网，瓶身裹着一件拉上拉链的氯丁橡胶套（氯丁橡胶是一种用以制作潜水衣和笔记本电脑包的材料）。看起来就像是穿了件 North Face 的夹克，但这个橡胶套的主要目的是为了保持温度和瓶身平稳。使用时，咖啡会在水瓶的底部浸煮，然后透过滤网将咖啡倒出。这种方式的成品接近于法压壶制作的咖啡，但要更干净一些。

优点：使用简单，外形出众，是替代法压壶的不错选择。如果你不想在一餐结束后突然拿出一整套的手冲装备而吓到对咖啡知之甚少的朋友们，这是一种更易理解的咖啡表演形式。

缺点：贵——确实是要比法压壶好，但真的好到要多付 50 美元？

平均花费：在线买的话大概 80 美元，可能稍高或稍低，这取决于你是在哪儿看到的。

难度：很低。

咖啡信誉度：中等。独奏咖啡壶已不再像从前那么炙手可热了，但还是非常受到懂行的人所推崇。此外，它可是来自丹麦制造。丹麦人发明了乐高和拉斯·冯·提尔[1]——这才是真正能创造出酷玩意儿的人民。

单杯咖啡机

如果你曾考虑过要买这类机器的话，那你的样子似乎不太适合本书。但就目前它们风靡世界的架势，以防万一我们还是来了解一下。如果没特殊原因，你最好要搞清楚它们到底是什么，这样当你的工作地点难以免俗地购入了一台单杯咖啡机，你就有机会洋洋自得地解释为什么你的咖啡调制方法在道德和口味层面都比它优越得多。

Nespresso、Keurig、Senseo，以及不管是哪个你所熟悉的品牌，它们操作起来都差不多：将装有咖啡磨粉的粉囊包、小袋，或胶囊装入机器中，按下按钮，然后就会出来一杯普普通通的意式浓缩咖啡。一些更高端的机器还会有牛奶蒸汽装备和其他一些响铃、鸣笛之类的部件。

优点：单杯咖啡机的优势基本上涵盖了我对于拒买意式咖啡机的全部理由（或者你决定了继续在咖啡馆买

---

[1] Lars von Trier，导演，生于丹麦哥本哈根。

意式浓缩咖啡，而不是买个低于标准的机器摆在家里）。尽管单杯咖啡机一般价格都在 100 美元以上，仍然要比真的意式咖啡机便宜太多，何况你还不需要为了正确操作机器而苦练技能。一个咖啡包的花费在 75 美分到 1 美元左右，对于家庭饮用来说不算便宜，但仍是比店里卖的 4 美元一杯的拿铁要划算。尽管这些机器只能制作非常平庸的意式浓缩，但好品牌的机器产出意式浓缩也从未糟糕得可怕，对于很多平时就习惯喝平庸的意式咖啡的人而言，这可是个强有力的卖点。

单杯咖啡机在很多餐馆也流行起来，这些地方的服务员都是从制作平庸的意式浓缩咖啡起步的，而这大概就是单杯咖啡机唯一站得住脚的场景了。

缺点：除了咖啡品质一般，劣质的预先磨好的不新鲜的咖啡豆（你还需要别的什么？），围绕单杯咖啡机的一切都是一种极大的浪费。难道你真的想每次做咖啡时都要倒腾一堆塑料包装吗？想想可怜的鲸鱼宝宝。

难度：一个四岁的小孩都能使用。

平均花费：70 美元到 250 美元不等，再加上你的尊严。

咖啡信誉度：零。甚至是负。负无穷。

冰滴咖啡

除非你活在佛罗里达，否则你不会想要全年都饮用冰滴咖啡的，同样也不会把它作为你的首选咖啡。但冰滴咖啡绝对值得在家一试，因为，坦白地说——即使是咖啡重度沉迷者也不希望每次为了喝上一杯好咖啡，就得为研磨、称量咖啡而忙作一团。想要做好一杯冰滴咖啡，你需要每个礼拜提前准备好一批咖啡，然后无论任何时候你有往里面加点水的冲动，请将你的注意力远离冰箱（清晨直接饮用一杯精酿咖啡绝对让人大开眼界）。

目前为止美国市场上最好的冰滴咖啡机是 Toddy——甚至于如今很多人就直接用 Toddy 咖啡来指代冰滴咖啡，而忽略了它的调制原理。这款咖啡机是在 1964 年由一位名叫托德·辛普森（Todd Simpson）的美国人发明的（没错，他以一种怪异的方式来冠名自己发明的咖啡机），但直到最近才真正在美国得以流行。其他你能经常看到的产品还有 Filtron，和 Toddy 非常相似。

优点：简单得要死——甚至调制方式都几乎是一劳

永逸的。调制一批就能提供一个礼拜的咖啡消耗。极为便携——野餐的时候可以制作较多的量带上，或是用可循环使用的大号饮料杯做上一大杯然后携带出门。如果你想买一个 Kyoto 滴滤塔（Yama 壶的高度是 29 英寸，Hario 是 18 英寸，相较咖啡馆里的大尺寸的器具，这些在家使用或许会更合适），它甚至能将最糟糕的微波炉 – 烤箱式的厨房变成一种风格典范。

缺点：温度较低。

难度：你得尝试几次才能获得正确的水粉比，其他方面都很简单。

平均花费：一个梅森杯和纱布就可以做一个你自己的冰滴咖啡装备，而 Filtron 壶或 Toddy 壶得花上 40 美元左右。小一点的 Yama 壶和 Hario 塔的价格都在 250 美元左右（试着把它们看作便宜的艺术品而不是昂贵的咖啡设备）。在 eBay 网上搜索一下你会得到很多怪异又精妙的日本和韩国产的冰滴咖啡器具，这些在美国很难买到（我最喜欢的一款是韩国产的名为"朱丽叶的眼泪"的冰滴咖啡器具，而生产商的名字是罗密欧咖啡馆；我也不知道它好不好，我只是困惑于为什么要以一起自杀青年的悲剧来命名他们的产品。你都能在咖啡里尝到一丝悲剧的味道）。

咖啡信誉度：高。眼前冰滴咖啡是如此火热（某种程度上可以这么说），又是如此简单，只需要在家做出咖啡馆级别的冰滴咖啡你就能轻而易举地给宾客留下深刻印象。而带上一大罐去野餐或烧烤餐会则会为你赢得社交影响力。

实验性的咖啡机

受益于咖啡极客数量的不断增加和众筹模式兴起的刺激，最近已经开始涌现出一些自命不凡的发明家不断创造出更新的咖啡机，资金则来自线上预售筹集，以及那些想要第一手触及下一代产品的咖啡极客们的捐款。其中一些是彻底革新的创造，而另一些只是做了一些改造，或声称是基于传统咖啡机的改进。

你如何辨别产品的好坏？这是一件风险极高的事。你可以看一眼发明者的家谱——他们是从事于咖啡产业，抑或是他们只是在家修修补补？——不过务必记住，Melitta、Chemex、爱乐压，以及 Toddy 并不是由咖啡产业的专业人士发明出来的。

优点：你会在下一款咖啡界的热门产品上抢占优势，并获得夸耀的权利。

缺点：你将收获一大块昂贵的塑料或玻璃。

难度：如果你在支持 Kickstarter 上的一个产品完全未经测试，你最终拿到的很可能只是一个测试版模型。可能各种问题解决了之后，你基本上就注册（并支付）成为一个小白鼠了。除了它的创造者你将很难从别人那儿得到任何建议和帮助，所以你很可能不得不自己一个人稀里糊涂地用它调制咖啡了。这并不意味新式产品的操作会很困难，但如果你是第一次调制咖啡的话最好不要做这样的选择。

平均花费：当然，它们各自花费并不相同。一方面，预售和众筹阶段的产品价格通常要比投放市场后便宜很多。另一方面，由于制造商缺少自动化生产工具降低制造成本，这类产品的价格仍会停留高位。

咖啡信誉度：潜力无穷——即使一台新式咖啡机最

终被证明毫无用处，但它的外形已是如此晦涩难懂，以至于每个人来到你家看见它的第一眼都不可能知道它是什么。如果他们要求用一下，你就这么回他们："要知道这项产品还处在试验阶段——这可是世界上为数不多的模型之一——目前它的使用操作尚未完善。"

探索道路上的咖啡

探索高品质咖啡乐趣所带来的一个很大的麻烦，是你将再也无法适应过去常喝的涮锅水一般的咖啡了。你也不应该让自己去适应它们！但在工作时你要怎么办？以及旅行的路上？

这些场景下你可能无法重现理想的咖啡调制方案，但这并不意味着你就必须满足于贩卖机咖啡或者宾馆套房的咖啡机。

工作场所

一台手动磨豆机可能就是你在工作场所的最佳解

决方案，除非你能找到一种方法说服你的老板购入一台磨盘磨豆机（基本上，你选择硅谷的工作或者你自己当老板就是因为，拜托，其他人不可能接受这种令人震惊的要求）。另一个选项则是离家前先磨好你的清晨咖啡，然后用封口袋装好带去上班——虽然这个方案并不理想，但总好过什么都没有。那些无须小心谨慎地慢慢注入热水的咖啡调制器具是最适合这么做的（除非你真的想把自己的咖啡壶带去上班，连我都觉得这有点过了），所以你的选择范围是：爱乐压、聪明杯，或者法压壶。买把秤放在工作场所是否明智，这取决于你所能想到的你被同事取笑的程度。他们对你的强迫性的咖啡调制程序的理解将会发生转变，一开始是"哇，Gary 的品味真是不错"到"哇，Gary 真是有病"！

旅行途中

尽管难度更高，随身携带你自己的装备，会让你有机会无论身处何地都能就地取材，同时了解当地的咖啡烘焙——要是异国的话会特别有趣（幸好如此，因为设法携带咖啡逃过机场海关人员的检查绝对是个糟糕的主意）。对旅行而言，一个装配可重复使用的金属滤网的法压壶绝对是无与伦比的，因为它几乎不占用你的行囊空间，同时要比其他任何咖啡机都更方便清洗。另外，搭配上一台轻量的手工磨豆机（但这一次你可以忘记秤之类的了），如此一来，当你的旅伴为了提神而不得不饮用糟糕的快餐咖啡时，你就可以尽情嘲笑了。

延伸阅读

> Coffee Geek（www.coffeegeek.com）是一个非常流行的网站，同时也是一个专业人士和消费者发表产品评论及指导的论坛。

> Seattle Coffee Gear（www.seattlecoffeegear.com）是一家位于华盛顿的连锁店及在线零售店，出售面向业余爱好者和专业人士的多种设备。即使你不打算购买任何产品，你也可以去看看他们家员工录制的所有商品的评测视频，他们并不忌讳鉴定出及批评

任何问题。能够在购买前观看商品的使用过程是非常有帮助的。

> Prima Coffee Equipment（www.prima-coffee.com）是另一家也在制作视频的咖啡设备零售商。他们的视频更像是"嗨，看看这些产品多棒！"但你仍能从视频里看懂这些设备是如何工作的。这家公司也有个不错的博客，是关于咖啡调制指南以及商品的对比分析。

6. 咖啡豆选购

即便拥有了世界上最好的磨豆机和咖啡机，你也没法用烂豆子做出一杯好咖啡。

如果你已经逛过非常好的咖啡店，找到好咖啡就不会有多困难了。只需忍痛将你的可支配收入一大部分交给他们，你就会得到令你振奋的产品，对不对？好吧，或许是吧。即便在城里最酷的咖啡馆中，你仍然有必要明确你要的是什么，否则，最终到手的将会是一包贵的要死的混合物而已。

甚至你买完之后，如果你不清楚如何合理地保存咖啡豆的话，那你做出来的咖啡还会是一样糟糕。所以我们来分析一下应该去哪儿买咖啡豆，买什么样的咖啡豆，以及买回家后应该如何处理它们。

到哪儿购买咖啡豆

在这个后亚马逊尊享时代，任何需要花费 5 分钟以上的购买过程都显得愚蠢而繁琐。但如果你想要得到真正优质的咖啡豆，最好还是要做一些调研，需要多出门看看。假设你读完第 4 章后已经找到一家合格的第三波浪潮咖啡店，那你就该知道一家跟得上潮流的第三波浪潮的烘焙店至少应该是什么样——不管他们用的是什么。所以，这家咖啡店品牌必然是你初次购买咖啡豆的正确选择。可是，直接在咖啡馆里购买咖啡豆效果不一定很好——你会发现，咖啡师通常不等同于好的销售员。所以下面来谈谈优质咖啡豆的几种最佳的获得方式，排序依据的是我的个人喜好。

烘焙师开的咖啡馆

世界上有两种第三波浪潮咖啡馆——一种是由咖啡烘焙师开的，而另一种则不是。前者即理想情况下你的最优选择——这些烘焙师拥有最新鲜的产品，能够告诉你最应该购买哪种咖啡豆以及相应的调制方法。另外，卖给你咖啡豆的或许正是亲自烘焙它们的那个人。相比其他地方，他们常常会提供更小的包装，如果你仅是自己饮用的话这就非常方便了。

非自主烘焙的咖啡店

那些不是作为烘焙生意的一部分的咖啡馆——即，他们从别的烘焙店买进咖啡豆——可能会提供相似的经验，但是仍缺少一样明确的东西。几乎可以确定的是，他们也会销售那些从别的烘焙店所购入的咖啡豆。然而，这些咖啡馆的员工对于产品知之甚少，另外他们也很可能只售出较大的包装，而存货就不能保证新鲜度了——我去过不少一流的咖啡馆，在他们店内的架子上能看到积了厚厚一层灰的咖啡豆包装。这仍不失为一项潜在的好的选择，但务必要勤快地查看它们的烘焙日期（本章后面将会讲到原因），以明确它们到底被闲置了多久。

电商

很多烘焙店也在网上售卖他们的咖啡豆，这也是个不错的购买途径。看一眼他们的货运政策——好的烘焙店会在咖啡豆烘焙完之后立马寄出，以确保到你手上时咖啡豆还是新鲜的（假设你住得离城市不远）。很多小的烘焙店每周只烘焙发货一次，这也是个好迹象——这意味着他们真的对新鲜度、品质以及确保消费者能获取到最好的产品这件事十分上心。而不好的一面是你就不能从咖啡师或是服务员那儿得到产品挑选方面的帮助了。另外，大多烘焙店不会在线上出售小包装的咖啡豆，所以在点击"添加到购物车"之前请明确你需要多少咖啡豆。一些烘焙店也允许"订购"功能——他们会定期为你寄出新货——如果你是个健忘的人这就很有用了，但如果你的咖啡消耗很不固定的话这就没啥意义了。

还有一些第三方的订购服务会定期寄给你一盒装有少量的几种烘焙豆作为试尝品。这不失为发现和尝试全美最佳烘焙店（其中不乏一些难得的好店）的一个巧法子，但这项服务一般不会很便宜，而且一定会引发一些认为应当尽可能支持本地咖啡烘焙产业的道德及环境上的争议。

杂货店

你还可以在某些杂货店里购买咖啡豆，但绝不是那种给你邮寄半价的西冷牛排及冷冻华夫饼买一送一优惠券的杂货店。你可能在本地嬉皮士合作社找得到优质咖啡豆（这些地方的空气里弥漫着薰衣草精油的香气，摆放着宗教巫师会和裸体瑜伽小组的社区宣传公告板），尽管他们一般倾向于优先考虑有公平交易的有机咖啡豆，而非考虑咖啡豆的品质和新鲜度。

实际上，你要找的是那种特别精致的小型精选商店，出售价格不菲的奶酪以及手工花生酱。他们的咖啡豆通常从当地优质烘焙店购入的。但即便是在这些店，你还是得认真检查一下包装，以确保咖啡豆的新鲜程度，不然很可能你就会碰到不那么新鲜的货品。例如，我这边的本地杂货店里陈列着一系列烘焙店出品的优质咖啡豆，而当我查看标签的时候，它们常常是一个月前烘焙的。我敢肯定对他们而言按咖啡需求频度更换库存货品没有经济效用，而这就是他们的问题所在。正因为如此，我并不推荐这种购买方式。如果，你只能在杂货店买咖啡豆，那么尽量取架子最里面的存货，它可能是最新鲜的。没错这么做挺混蛋的，但你还有什么办法呢？

农夫市集

这是个百搭的选项。对于小型的新贵烘焙店而言，把农夫市集作为自己事业的起点并不常见。即便他们的咖啡并不是最好的，这仍是一个与专业（也可能是半专业）烘焙师面对面聊天的非常好的机会，趁机好好拷问他们的咖啡的来源，他们都做过哪些处理，以及正确的咖啡调制过程的一切烦琐细节。买一些他们的产品，过一周后再去和他们继续讨论他们的咖啡。

很显然你不能指望这个选择——不是每个人的家附近都碰巧有一个农夫市集，也不是每个农夫市集都会有咖啡商贩，更不用说还是比较好的咖啡商，而农夫市集本身也有季节性的特点——但要是这些因素对你来说都成立，绝对要尝试至少一次。

了解你的咖啡

一些烘焙店的咖啡豆包装上印着细致的马克·罗斯科的画作①，极简而神秘的，而店员服装像是全国运动汽车竞赛的车手制服，贴着各种标志和认证。你想从你钟爱的咖啡商那儿买到一些真正喜欢的咖啡，但你不会

① Mark Rothko，抽象表现主义画家，生于沙俄时代的拉脱维亚。

希望跟个白痴一样站在柜台边说："呃，请给我拿一点'Fazenda'！"（那是葡萄牙语的"农场"，你把从巴西咖啡的标签上看到的这个词说给销售员的话，基本上等于啥都没说）所以标签上到底都写着什么？

咖啡的命名

喔，那些咖啡会被命名为"清晨阳光"或是"午夜速递"。而在我写这段时，斯顿普敦咖啡烘焙店出售的一款咖啡豆被命名为"危地马拉茵赫特庄园——波旁"（Guatemala Finca El Injerto-Bourbon）——对入门者来说可能真的不太好理解。但不要被名字吓倒——如果你能解析的话这个名字算是非常简单的。"危地马拉"的含义就是……危地马拉；"Finca"则是西班牙语中的"庄园"，所以"Finca El Injerto"是种植咖啡的庄园的名字（主要是个农场）。如果你读了第三章，你就知道波旁是咖啡树的一个变种（抱歉，虽然叫波旁，这种咖啡豆可不含酒精）。下面这个名字则来自蓝瓶子咖啡馆："埃塞俄比亚（Ethiopia），耶加雪菲（Yirgacheffe），金蕾娜（Gelena），安巴雅（Abaya），水洗豆（Washed）。"你知道埃塞俄比亚，读到现在你大概也已经知道耶加雪菲是埃塞俄比亚境内一个著名的咖啡生长地。而你可能并不知道的是金蕾娜安巴雅其实是耶加雪菲的一个分区（嘿，我也得上 Google 查了才知道），但你大概可以猜得出它要么是个地名要么是个农场、庄园或合作社的名字。接下来的也一样，如果你读了本书的第 3 章，你就知道"水洗"一词表明的是咖啡豆的处理方式。但也别太紧张，反正没人指望你能通晓各种农场名以及所有分区中的小分区名称。只需聚焦那些你知道的，剩下的留着通过 Google 来慢慢了解。

太长不读：烘焙店经常用一些很长的难以理解的名字来做标识。别被它们唬住。

不起眼的小字

不管咖啡的名称是什么，有些标签上还会列出来源国家和地区的名称、处理方法、海拔（或高度，一回事）、变种名称，以及一些基本的风味评注。你可以回到第 3 章去学习这些对你真的有价值的信息。

烘焙日期

对于大多数食物类产品，查看它们的保质期是很重要的。咖啡却不是。技术上来说咖啡放置很长时间都不会过期，但这并也不意味着久放的咖啡还具备品尝价值。

咖啡烘焙完成后，风味从"极好"转变为"乏味"，而这个过程实际上是很短的，从咖啡豆出炉的那刻开始风味倒计时就开启了。过了 10 天，咖啡的品质就会急速下滑，所以理想来说，你最好在烘焙后两周内消耗完所有的咖啡豆。超过 5 周的咖啡并不会马上变质，本质上，它只是变得沉闷而无趣了。生命如此短暂，我们可没时间浪费在难喝的咖啡上——尤其是你还为它花了不少钱。

所以，咖啡包装上最重要的日期——同时也是咖啡包装上最重要的信息——就是标在"烘焙于"几个字后面的一串数字。一旦你开始注意到这个，你可能就会为如此多的杂货店和咖啡馆在售的咖啡豆实际上是烘焙后几个月的存货的事实感到震惊。如果某家烘焙店压根都没在包装上标识烘焙日期的话，那你最好选择远离它。

公平交易

大部分人都大概了解"公平交易"这个词，也隐约知道它应该是件好事，但很少有人真的理解这个词语背后实实在在的内容。

我尽可能简单地解释一下这个概念：为了取得美国公平交易（绿色的圆圈标志）或国际公平交易（绿色和蓝色的圆圈标志）的认证资格，种植者需要达到某些明确的道德和环保标准——没有童工，没有转基因作物，民主的决策过程，安全的工作环境，诸此种种。而作为回报，购买者不仅要为他们种植的咖啡付一个基础的价格，还要为他们的社区及农场发展额外地付一些钱。公平交易并不是种植出更好的咖啡的必要前提，了解这一点很重要——只有满足以上条件的咖啡种植才能达到公平交易的标准，进而改善农工及他们所在社区的生活状况。

历史上，美国公平交易协会和国际公平交易协会都只为种植合作社授予过认证，却从未授予过个体户。这是很多第三波浪潮烘焙店不愿购买公平交易咖啡豆的一个原因——他们发现从个体农场寻找真正高品质的咖啡豆要比从大的集体农场容易得多。如今，美国公平交易协会不光对大产区的工人，对一些小型农场同样也开启了试点项目，不过要等公平交易咖啡遍及全球还是需要一定时间的。

卓越杯竞赛

"卓越杯竞赛"这个词听起来就像是某种对哈利·波特的廉价模仿，而实际上，它是一系列咖啡竞赛的总称。1999 年，一群推崇精品咖啡的人创办了这项比赛，此后几乎每年都会举办，比赛地点基本上都是在美国南部、中部以及非洲种植国的一些地方。

比赛流程大概是这样的：任何农场都可以提交自己的咖啡豆并参加本国的比赛。当地的一组品尝者会将这些咖啡豆进行烘焙和杯测，并以百分制分别打分。进行三轮杯测后，再从得分超过 85 分的咖啡豆中筛选前 60 名。最后，来自全球的咖啡品尝小组聚集在一起进行三轮杯测，选出前十名。

而真正的价格则是来自于这些获胜的顶级咖啡的线上竞拍。全世界的消费者和烘焙店为这些最好的咖啡豆报出高价，大部分收入会再回到生产者那里。2014 年获胜的一批危地马拉咖啡豆最终报价为 42.4 美元一磅；而另一批获胜的洪都拉斯咖啡豆的最终报价为35.1美元一磅。作为对比，在我写这段文字的时候阿拉比卡豆当前的市场价差不多是1.8美元一磅。

另一项赛事——最佳巴拿马咖啡竞赛，虽然和卓越杯竞赛各自独立举办，但它们却有很多相似之处（还记得第三章中提到过的价格超高的瑰夏咖啡豆吗？ 2014年最佳巴拿马咖啡竞赛的胜出者价格达到了107.86美元一磅）。

但不管怎么样，烘焙店有时会在咖啡豆标签上标记卓越杯竞赛获奖标识。

咖啡测评打分制度

如其名所示，咖啡评测（www.coffeereview.com）是一家关于咖啡评论的网站。这可不是咖啡界的Yelp——这个站点由身为经验丰富的杯测师兼咖啡写手肯尼斯·戴维兹（Kenneth Davids）经营的，每个月他都要评测几十种咖啡，写下评测描述，并以百分制为每种咖啡豆打分。如果自己的咖啡受到了较高的评价（一般来说得是 90 分以上），烘焙师会将网站标志和测评分数贴在咖啡包装上。

直接交易

正如第 2 章中讨论过的，"直接交易"是一个不够精确的词，对不同人而言它有着不同含义。对于纯粹主义者来说，"直接交易"意味着烘焙师是从种植者手上直接购买的咖啡，价格也是靠与种植者的直接谈判获得的——这是一种理想的不断推进的关系。而其他人可能是通过第三方的服务，购买某个他们从未去过的农场的咖啡豆，他们同样也会在他们的包装上贴上"直接交易"的标签。没什么能够阻止他们这么做。

如果你想知道当某家烘焙店用到这个词的时候到底意味着什么，一个深入了解的好办法就是上这家店的网站上找找看。很多店都会详细记述他们是从哪儿找到以及购买咖啡豆的——有些人会总结出基本原则，有些人则会给出年度报告，还有非常少的一些人会透露出他们给种植者的实际价格。如果一家烘焙店的生咖啡豆购买人就像他们自己所说的，定期访问"源头"的农场和合作社做直接沟通，那么他们也就可能将全部事情详尽地写在博客上。又或者，只是和他们保持联系而已。

然而，如果一种咖啡没有"直接交易"或其他类似标识，并不意味着烘焙店没有做过认真调研，也不能表示他们给出的是不公平的价格，同样不能代表背地里一定有什么不正当的事情发生。许多不错的烘焙店是通过可靠的进出口商交易咖啡豆的，这些进出口商能够确保公正的价格和良好的农作。还有可能，这些烘焙店是通过竞拍活动购买的咖啡。要么，他们只是单纯地不喜欢"直接交易"这个词而已。

有机认证

一张标有今天广为人知的美国农业部有机认证的咖啡标签，或仅仅是"有机"这个词，均意味着包装中至少95%的咖啡豆所来自的农场，处理它们的烘焙店，以及任何一家中间商（像是进口商，或去咖啡因处理厂）都是经过有机认证的。所以这可不仅仅是让植株远离任何可怕的化学制剂喷那么简单——农作装备和储存设施也都必须符合要求。

如果你认为购买和消费有机作物很重要，是出于健康或环保理由，或是因为你觉得这么做能给你的雅皮士朋友们留下深刻印象，那你确实应该购买。但仍需知道，很多咖啡所来自的农场没有官方的有机认证，只是因为一路上它们经过了很多国家。获取认证是费时费钱的，许多农场都不愿枉费心力。

鸟类友好

我也不想扫兴，但很多你日常消耗的咖啡的生产过程对环境都有极大的损害。咖啡树喜欢生长在阳光下，但鸟类和其他可爱的（乃至那些虽然不怎么可爱但仍非常重要的）生物同样也喜欢栖居于树上或草丛中。所以史密森候鸟中心（SMBC，Smithsonian Migratory Bird Center）会授予那些为候鸟（再次声明，也包含其他野生动物，但候鸟中心最关心的当然还是候鸟）维持栖息地的农场以"鸟类友好"认证。这个认证可不是很容易得到的。要获得这个名号，首先你的农场需要具备有机认证，其次至少 40% 的土地有植物覆盖，另外植物多样性要满足最小定额——而这些还只是前提条件。农场还必须付钱——不仅是史密森尼候鸟研究中心认证，还有原始有机认证。

遮荫种植

还有一些烘焙店会在咖啡包装上标记"遮荫种植"，但并非是某种明确的认证。如果你对它存有质疑，不妨打电话问问，或是直接去他们店里询问他们用这个词到底是指什么，看他们打算用什么理由来支撑这个说法。只要别是那些毫无个性的大型咖啡烘焙公司，和一些规模不大的烘焙店去聊这些还是蛮有意思的，他们多半都会乐意告诉你里面的细节。

雨林联盟

作为一家国际性的非营利机构，雨林联盟农场认证很容易被混入环保标签（可能因为它的标识是一只绿色的青蛙，名称听起来也很像是一支嬉皮果酱乐队[①]），但它除了要求不能使用某些特定的杀虫剂、保护野生生物，还列出 99 项标准，其中包括很多社会和经济方面的要求，如安全标准、不使用童工、提供医疗服务。农场无须全部满足（标准是 80%，其中有 15 项强制规定），因此它经常遭到批评，人们认为雨林联盟认证没有公平交易或其他环保认证那样严格和全面。如果一个咖啡包装上有雨林联盟的封印，却没有其他相关的资格信息，那么它里面包含的咖啡豆至少有 90% 是获得雨林联盟认

① Jam band，一种允许粉丝录制并发布其演唱会现场的即兴演奏乐队。

证的。然而，只要包装上有免责声明的话，获得认证的咖啡豆可能就只有 30% 了。这项认证也是需要农场很多的耗费才能获得的。

其他有用的方法

你已经找到最佳的咖啡零售商。你还找到了最适合你的有机认证遮荫种植直接交易的单品咖啡豆。大功告成，是吧？先别高兴太早。你还需要一些具体的措施以保证你购买的咖啡豆能保持优良品质。

购买少量

这应该算是某种常识：你知道咖啡豆要在烘焙后的几周里悉数喝完，你也不想留下任何浪费，所以每次你只需要买够用的最小量咖啡豆就好。但说起来容易做起来难，要是你讨厌购物或酷爱囤货的话就更难办了。再一次试试看转换概念，把咖啡当成易腐农产品。你不会一次购买大量香蕉或牛奶，更何况咖啡豆的花费要比水果或奶制品多得多。

可能你还是不得不做出一些艰难的决定。假设你一天只喝一两杯咖啡，但你最爱的烘焙店卖的咖啡豆按1磅起售。难道你愿意冒最后不得不扔掉高品质咖啡豆的风险？或者，即便过了最佳品尝期限你还是会忍着继续喝？再或者，你只好转投排名第二喜欢的烘焙店，只因为他家会卖8盎司一包的咖啡？

正确储藏

你离胜利只差最后一步了，仍有一种能搞砸咖啡豆的做法，那就是错误的储藏方式。比如说，用冰柜或冰箱来存放咖啡豆。这么做的唯一结果就是会让你的咖啡尝起来像是速冻豌豆或是放久了的蛋黄酱。咖啡豆开封后就一直开着口放在柜台上同样也会被糟蹋——暴露在氧气、阳光、高温，以及水分中都会加速咖啡变坏（更不用提蚂蚁和老鼠，或其他各种住在你厨房里的可怕生物了）。

出于对咖啡的热爱，请不要把咖啡豆存放在你的磨豆机里。咖啡馆会在他们的加料漏斗里放满咖啡豆（就是咖啡机顶部那个塑料容器，用于咖啡豆进入研磨前的短暂存放），是因为他们能在短时间内消耗掉非常多的咖啡豆。你一天才做上几杯。量出你自己调制咖啡时实际需要的咖啡豆数目，每一次调制也务必只使用这个量。

正确的储存方式，是将咖啡豆装进密闭容器中，放置于低温、避光、干燥的地方——最好是塑料或玻璃制的容器，因为金属罐会让咖啡沾染上金属味。

延伸阅读

> 如果你想要了解更多关于永续种植咖啡，以及你的咖啡因癖好对世界其他地区所产生的影响，那这本由尼娜·路丁格（Nina Luttinger）和格雷戈里·迪卡姆（Gregory Dicum）编写的《咖啡手册：从作物到成品全方位剖析咖啡产业》（*The Coffee Book: Anatomy of an Industry from Crop to the Last Drop*）就可以带你入门了。作者中的一位曾在美国公平贸易组织的前身组织中工作过，所以这本书对公平贸易有严重倾向，稍稍显得有些过时。但它对全球咖啡贸易对经济、社会、政治，以及环境的影响的探索，如今看

来仍是意义深远的。另外，书中随处可见各种有关咖啡市场的有趣的事实和解释性图表。

SEVEN

7. 调制指南

　　所以，揭晓真理的一刻到了。你已经为自己的口味和预算找到了最合适的咖啡机和磨豆机。你从最爱的咖啡店买回一袋 12 盎司的单品种咖啡豆（于两天前烘焙）。你还从你父母的厨房里借到了食品秤和温度计。再把你从公司秘密圣诞礼物交换活动中收获的新奇款咖啡杯清洗干净。万事俱备，现在你只需搞清楚要怎么做。

　　以下文字描述绝非咖啡调制方法的最终定稿，但可以把它们当作一个开始。在你着手之前，有几条建议可供参考。

记录水粉比

尽管听起来可能有点疯狂，但各种咖啡配方里最不怎么重要的信息就是称量了。大部分咖啡师不会固守某个非常明确的咖啡或水的"正确"使用量。如果你对 50 个优秀咖啡师做民意测试，调查他们如何用 Chemex 壶准备咖啡，每个人都会给出一个不同的咖啡和水的使用量，而且他们都能照各自的用量做出一杯美好的咖啡。

作为一条经验法则，人们普遍认为绝大多数咖啡调制方法比较适合从 16:1 的水粉比开始，而本书中的配方也大多遵从这个数字。而其他比例也非常值得一试。最重要的是要做到精确无误和有条不紊。想要更浓一些的咖啡？不要只是多舀点咖啡进去——测量出 15:1 的水粉比来尝试。如果你喜欢这样比例的咖啡，下一次你就知道如何准确地再现了。

如果这些都还让你感觉过于烦琐和折腾了，你可以在 www.chriscorwin.com/coffee-water-ratio-calculator 上找到非常有帮助的水粉比在线转换器。

冷却

永远不要用开水做咖啡——你要用温度在华氏 195 度到 205 度之间的热水。让开水静置 1 分钟，或者使用温度计进行测量。

时间总是不够

你知道你自己总是怎么想的，"我就再玩一会儿电脑游戏／再读一会儿这本书／刷一会儿 Reddit 上的这条话题／再洗 5 分多钟的澡……"然后突然发现，已经过去半个小时了？你的时间感没你想象得那么好。任何提到确切时间长度的配方，你都最好用上一个计时器。你不用去买一个，只要在手机上找个应用就可以了——最好是那种既有累计计时也有倒计时的，以及提醒功能。

咖啡极客

按比例调制

在第 5 章里概括的，如果你是用秤称量的咖啡和水，而不是用勺子和杯子来估个值，你做出来的咖啡会好很多。大多时候，你只要把调制设备放在秤上然后按下"去皮"键，就可以将秤重置归零。加入特定重量的咖啡，再次按下"去皮"键，然后慢慢注入热水直到最佳的重量。

同样，遵循咖啡产业的标准术语——因为这样更易于称量——这些配方都用克而非盎司。不要怪我，要怪就怪罗纳德·里根废除了美国公制。本书的附录 B 中有单位转换表，另外也有很多应用和网站能在英制和公制之间进行数字转换。许多秤也有专门的设置功能。

正确地磨豆

这些配方都没有将磨咖啡豆作为一个步骤，因为以你的智商不至于不知道调制咖啡前必须先磨咖啡豆。在所有的事情开始之前，请先磨好豆子（好吧，或许把壶准备好算是个例外），但不要太提早——你要尽可能让咖啡保持新鲜。

配方里对碾磨程度以细、中等、粗，及由此产生的一些变异说法加以描述，如果你没有一个参照系统的话这些都毫无意义。下面我会对这些描述实际都是什么情况做个大致的描述：

> 极细：粉末大小

> 细：食盐大小

> 中等：沙砾大小

> 粗：粗粒盐大小

不要半途而废

我们都心知肚明你不会每次都丝毫不差地按照这些配方来做。有些时候懒得称量了，你就干脆靠目测。有时你会预先磨好咖啡豆。有时会因为上班快迟到而没时间洗杯子了，就将整杯咖啡直接从调制器倒进嘴里。但至少还是要有几次按部就班地做好每个步骤，这么做对你有好处，你才能知道当不得不半途而废的时候都有什么被牺牲了。

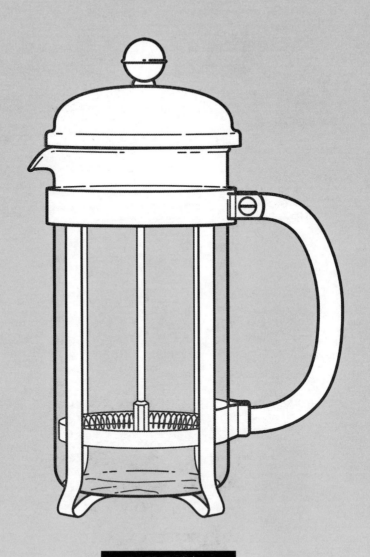

法压壶

法压壶

法压壶有很多不同尺寸，对应每一种你都会用到不同量的水和咖啡。这个配方是针对比较小的，12 盎司的法压壶（理论上来说能做三杯，但实际上差不多只有两杯，如果你用的是大杯的话估计只有一杯的量），但此配方极为通用，你可以按照口味和调制容器的容量调整比例。

1. 加入开水，预热法压壶，同时称取咖啡豆并研磨。
2. 倒出壶中预热用的水，放进壶底 20 克粗研磨的咖啡粉。
3. 将法压壶放在秤上，按"去皮"键。
4. 缓慢在咖啡粉上倾倒 300 克热水，确保咖啡粉充分浸润，保持顶部不要完全浸没。
5. 30 秒后，轻轻搅拌咖啡粉的顶层。
6. 盖上带有滤器的法压壶盖，暂时还不要压下去。静置 4 分钟。
7. 沉稳而小心地压下过滤器一直到底。
8. 要么将整壶咖啡倒进你的杯中，要么马上倒入一个保温瓶或玻璃水瓶——如果你放着不管，壶里就会持续地萃取咖啡。

Hario V60 锥形滤杯

Hario V60

作为最流行的手冲咖啡器之一，V60 同时也是最棒的一款。相较于其他类似的咖啡器，它的基部有一个较其他滤杯大很多的孔洞，所以液体能快速滴滤，同时也提高了操作难度。Hario 售卖 V60 专用的滤纸，你需要备上一些——常规滤纸形状不规则所以会不兼容。这个配方针对的是 V60 的 02 型号，它是美国市场上最常见的一款，尽管生产商同时也制作了一些更大或更小的版本，你最好仔细查看下你家的滤杯型号。

1. 加热水的同时，将V60放在杯子或者玻璃水瓶上面，放置进一张展开的滤纸。
2. 水烧开后，倒在滤纸上直到它完全湿润，然后将杯中的水全部倒掉。将整套设备放在秤上。
3. 滤纸上放进 21 克研磨程度在中等到细之间的咖啡粉，确保它们放置均匀。按下秤上的"去皮"键，开始计时。
4. 向着咖啡粉中心位置缓慢倒入足够的热水，充分浸润，然后轻轻搅拌。等待 30 秒。

5. 沿着顺时针方向，再次慢慢地倒热水。再次声明，不要将水直接倒在滤纸上。尽量保持水平面的位置。当秤上读数显示 315 克时停止倒水。这个过程大概需要 3 分钟。

6. 等到液体流速变为滴落，就可以将 V60 滤杯移开了。

Kalita 波浪滤杯

Kalita Wave

如果 V60 是手冲壶里的 iPod——潮流再次将这个过时的名字推向流行的队列——那么 Kalita Wave 就是 iPhone——更好看，更易于使用，价格更高，好看得不要不要的。而真正让它与众不同的原因，是它的平坦的底部（上面有 3 个小孔）和相配备的波浪形滤纸能让萃取变得更为均匀。下面的配方是针对单杯型的 155 型号。除此之外还有容量更大的 185 型号。

1. 加热水的同时将 Wave 壶放在一个杯子或水瓶的上面，里面放好一张滤纸。
2. 将热水准确倒在中心位置，浸润滤纸。不要直接倒到边上，否则滤纸会耷拉着像是巴塞特猎犬。将杯中多余的水都倒掉，然后将整套设备放在秤上。
3. 放进 22 克中等研磨的咖啡粉。按下"去皮"键，开始计时。
4. 慢慢倒入足量的热水，浸润咖啡粉，然后放置 30 秒。
5. 继续沿着顺时针方向缓慢倒进更多热水。当水面接近顶部时，停下动作，直到水面落到滤纸的一

半高度，再继续倒水。重复几次直到秤的读数为
360克。计时器此时应该在3到3分半钟之间。

6. 等到咖啡液停止滴滤，就可以移走波浪滤杯了。

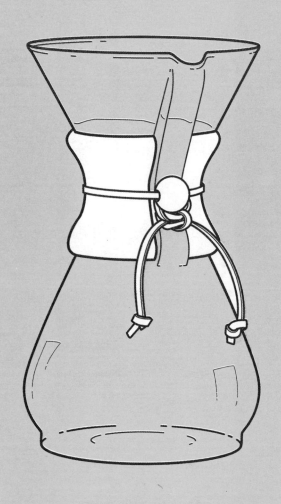

Chemex 玻璃滤壶

Chemex 壶

配方是按照 30 盎司 6 杯的 Chemex 壶，但这款标志性的玻璃咖啡壶还有几种不同的尺寸可选。没什么特别的原因，Chemex 就是有几种不同形状的滤纸——方形、半圈形、半月形——它们还分折叠和未折叠的版本。如果要买就买折叠式的（我倒是想要全手工制作的，但是拜托）。另外值得一提的是 3 杯型的 Chemex 壶用的滤纸稍有不同，更大容量的壶所用的滤纸和它会不匹配。

1. 加热水的同时，将一张滤纸展开成圆锥形，有一边是有三道折。将展开的滤纸放进 Chemex 壶，注水的位置对着三道折的边。
2. 用热水将整个滤纸浸润（如果你用的是方形滤纸，尽量浸润到就行；那些超过壶顶的竖起的角没什么太要紧的），然后再将 Chemex 壶里的热水倒掉。
3. 将 50 克颗粒大小中等到粗之间的咖啡粉置于滤纸上。把整个 Chemex 壶移至秤上面，按下"去皮"键。开始计时。
4. 以顺时针方向缓慢倒入足够的热水浸泡咖啡粉。

不要直接将水倒在滤纸边上。

5. 将咖啡静置 45 秒，然后开始以同样的动作再次倒热水。尽量保持水平线平稳，大概在滤纸一半的高度上。当秤上读数达到 750 克时停止手上的动作。计时器此刻大概在 4 分钟左右。

6. 当咖啡流速降到很慢的滴落状态，就可以将滤纸拿走了。

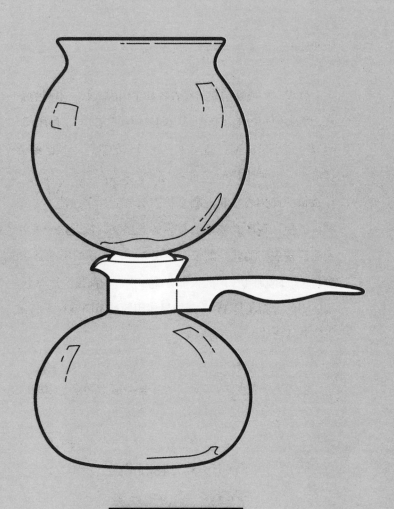

虹吸或真空壶

虹吸壶

虹吸壶，或真空壶，有着各种不同的形状、不同的滤纸，以及不同价格，但它们基本上都有着相同的工作原理。所以，这里给的配方适用于不同尺寸的壶，我也已经尝试解释过了咖啡机的不同变量因素。然而，如果你遇到什么情况而想着"我的咖啡机怎么不一样"，请参考咖啡机的使用说明，或是请教你的老朋友谷歌。这个配方无法清楚表明的就是虹吸壶的尺寸——所用的标准是 20 盎司 5 杯的咖啡机，因为大部分品牌供应的都是这种大小。我使用的水粉比是 15:1[①]，如果你用的是不同型号，则相应地调整比例。

1. 烧开一壶水。很多人都是完全让虹吸壶自己加热水，但是预先烧好开水的话则会更快捷。

2. 在上部的容器里放置好滤纸。滤布需要先花 1 分钟冲洗，而滤纸只要完全浸透即可。金属滤器放进去就能直接使用。

---

① 原文是 1:15，这里为了统一理解，本书出现的水粉比均是水（克）:咖啡粉（克）。

3. 往下部的容器里倒入 600 克开水，然后置于热源上。如果你的型号是需要在灶台上加热的，就把它放在灶台上。另外，将它固定好位置，点燃热源。如果可以，加热时可以把上部容器稍松一些，不必把它固定得很牢。

4. 当下部容器中的水开始沸腾时，将上部容器固定好位置。水流会以令人惊叹之势上涨进入上部容器内。

5. 当上部的水温达到 200 华氏摄氏度，加入 40 克磨好的咖啡粉。虹吸壶适用的咖啡研磨度比较多样——你可以开始尝试中等研磨度，然后试试不同粗细的颗粒，直到遇到你最喜欢的程度。

6. 轻快地搅拌咖啡，确保所有咖啡粉都能浸润到。降低热源的温度。等待 45 秒之后再次搅拌。

7. 再次等待一个 45 秒之后，从热源上移开咖啡壶。既可以是将咖啡壶移开炉灶，也可以是将整套设备从热源上拿走，抑或是只将炉灶移走就好。最好戴着手套操作。

8. 再次轻而快地以画圈的动作搅一下咖啡。

9. 当咖啡放凉之后，液体会沉落回下面的容器里，咖啡渣则会停留在上部。

10. 咖啡液停止滴滤后，移开上部的容器。底部瓶中的咖啡就可以直接倒进杯子里饮用了。

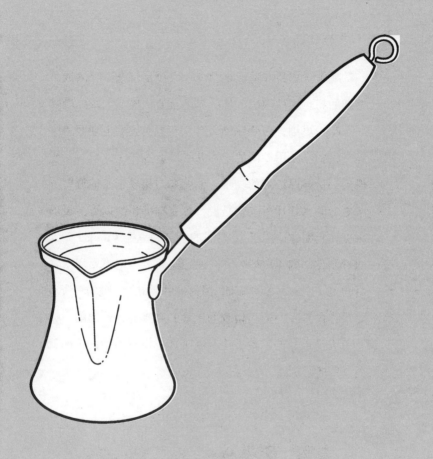

伊芙利克壶，用以制作土耳其咖啡

土耳其

　　制作土耳其咖啡最难的部分大概是将咖啡豆磨成足够细的粉。这种做法的咖啡粉甚至要比做意式浓缩咖啡的咖啡粉更细，为此你要么有一台高品质的电动磨盘磨豆机，要么就用专门的土耳其手动磨豆机来完成。要想得到一份醇厚浓烈的咖啡，你就要用相较于其他调制方法更低的水粉比（也就是说，每克咖啡粉配以更少量的水）。此配方适用于 10 盎司的伊芙利克壶（ibrik），大约可制作 3 到 4 小杯咖啡。说到这儿，一定不要用平常用的大杯来喝土耳其咖啡，因为最后会留下一嘴的粉渣。如果你没有专用的很精致的土耳其咖啡杯，普通的小咖啡杯也是可以的。要是连小咖啡杯也没有的话……那就用一口杯好了。

1. 水壶里加入 220 克冷水，以及 20 克磨得非常细的咖啡粉，搅拌均匀。

2. 需要的话此时就可以添加糖或香料。不要在咖啡调制好后再加入它们，那样只会把沉在底部的沉积物又搅起来。根据你的个人喜好调整用量，第一次尝试的话建议加入一茶匙的糖，以后每次调制时可以再据此调整。

3. 将壶放在炉灶上，以小火加热。

4. 当液体表面开始有泡沫浮现，接近煮沸时——关键就是不要等它真的沸腾了——将壶移开热源。

5. 静置 20 秒后再放回炉灶上。

6. 再次煮到接近沸腾，重复之前的操作。

7. 选择你自己喜欢的方式：如果你想要更多泡沫的咖啡，你可以再次重复一遍上述操作。否则，就跳到步骤 8。

8. 将咖啡静置一会儿放凉。小心地倒入杯中，确保每杯都有差不多的泡沫量。

爱乐压壶的标准调制

爱乐压

爱乐压咖啡机有着令人惊讶的灵活性——你可以用各种不同粗细度的咖啡粉、不同的水粉比、不同的滤纸，以及不同长短的浸泡时间来尝试制作，会得到虽然不同但都很不错的咖啡。这个配方简单而实际——和那些仿佛黑盒操作的咖啡调制方法并没有本质的区别（但仍是不同的，因为后者的咖啡算不上好）。如果你倾向于简单方便的方式，可以看看下面的配方。

1. 煮开水的同时，在黑盖里放置一张滤纸，用水冲洗直到充分浸润（有些人喜欢用热水做这一步，这样就会将咖啡机预热了；如果你执意如此的话也可以这么做）。
2. 将盖子旋盖在大的圆柱体机身上，装在杯子顶部（或是水瓶），有盖子的一面朝下。将整套装置放到秤上。
3. 加入 17 克研磨程度在细到中等之间的咖啡粉。按下"去皮"键。
4. 倒入 250 克的水。

5. 搅拌（爱乐压有自己的搅拌棒，但你也可以用别的），放置 30 秒。

6. 将小号的圆柱体机身插入进去，平稳地下压，速度不要太快，直到你能听到空气被挤压出来时发出的嘶嘶声。整个过程大概需要 30 到 45 秒。

7. 你可以直接饮用调制出来的成品，也可以加水稀释后再喝。

8. 惊喜环节：清洗的时候，先将盖子旋下来，在垃圾桶上方握着爱乐压壶，然后将活塞推到最远程度。整个咖啡渣饼就能直接脱落，只会有一点残渣遗留在壶里。这样简单愉快的清理方式能让你的咖啡享用过程的愉悦程度提升差不多 18%。

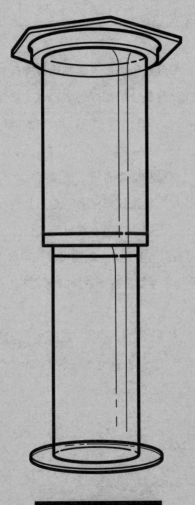

倒转的爱乐压壶

爱乐压倒转法

上文描述的爱乐压操作方法是比较接近它的发明者所建议的使用流程的，但如今很多咖啡迷真实使用的步骤与此并不相同。倒转式操作是一种更加流行的方法，你只需要将爱乐压快速地上下翻转过来，如此一来在进行压滤动作之前咖啡能够有更长的浸煮时间。萃取过程更加均匀和可控，成品效果也会更接近其他如法压壶的浸泡调制结果。不利的一面，它更为复杂，过程更容易凌乱，花费时间也会更多，你需要反复练习以掌握平衡，你还要让它小的一端立在秤上的同时倒入热水。

1. 烧开水的同时，黑色盖子里放进一张滤纸，浇热水直至充分浸润。这时你还不会马上用到它，但最好还是一开始就准备好。
2. 将小的柱体插进较大的里面，推至橡胶塞到数字 4 的边线位置。
3. 翻转爱乐压，小的柱体朝下立在秤上，开口朝天花板。
4. 加入 17 克研磨程度在中等到细之间的咖啡粉。小心操作不要让一点咖啡粉弄到圆柱体的边上，否则你旋上盖子的时候就会有麻烦了。按下"去皮"键。

5. 倒入 250 克热水，轻轻搅拌混合物。

6. 将装好滤纸的盖子与顶部旋紧，静置 2 分钟。

7. 快速将爱乐压壶翻转过来，滤纸一面朝下，置于杯子或水瓶的上面。

8. 均匀而稳定地下压，直到你能听到空气被挤压出来时发出的嘶嘶声，整个过程大概需要 30 到 45 秒。然后就可以移开爱乐压壶了。

聪明杯

聪明杯

聪明杯有两种尺寸：常见的 18 盎司杯，以及小号的 11 盎司杯。下面的配方是针对前者的。两种尺寸都适用 4 号的滤纸，即使放在 11 盎司杯里会略显尴尬（你将不得不把盖子压盖在软塌塌的湿滤纸上）

1. 烧开水的同时，展开滤纸放进杯中。水热后，将滤纸完全浸润，把多余的水倒出。
2. 将 20 克研磨程度在粗到中等之间的咖啡粉置于杯中。
3. 倒入 100 克热水，充分浸润咖啡粉，并轻轻搅拌。
4. 另加入 200 克热水。盖上盖子，让咖啡浸泡上 3 分半钟。
5. 取下盖子,小心地将聪明杯放在杯子或水瓶的上面。
6. 当液体开始流下时快速地搅拌一下。
7. 一旦咖啡全部滴滤，就可以将聪明杯移走了（进阶技巧：可以直接放在盖子上，以防咖啡滴到外面）。

摩卡壶

摩卡壶

这个配方并没有说明精确的测量标准，因为你所用的摩卡壶的尺寸直接决定了你要使用多少咖啡粉和水。当然，你也可以详细记录下具体用量，这样在以后的调制过程中就可以减少浪费。不管怎样，还是为不必使用秤和温度计欢呼吧。

1. 预热一壶水。可能这么做看起来没什么必要，但照做的话能帮你提升效率，降低过热的壶可能会煮坏咖啡的风险。

2. 与此同时，在滤器中填满细磨的咖啡粉。装到其顶部，但不要压实——水流需要能够顺畅地通过咖啡粉。只需用手指扫落多余的咖啡粉即可。

3. 水烧开后，倒入摩卡壶下部的容器中，水位到达阀门的位置。

4. 将滤器放回其位置，并把摩卡壶的上下两部分牢牢地旋紧合并。

5. 将壶放在炉灶上，中火加热。盖子保持打开，你将会看见魔法的过程。

6. 你可以看到液体沸腾冒着泡直入上层容器，当听到喷溅声同时水流尽，就可以将摩卡壶移开热源，盖上盖子了。

7. 立即装杯饮用。

独奏咖啡壶

独奏咖啡壶

此配方是针对 1 升的独奏咖啡壶，可能听起来有点大，但实际上它只是制作公司的中等型号。显然，它被创造出来是为了更好地分享咖啡，不过如果你就想减半咖啡和水的用量而只为了独自喝一杯，也没人会拦你。

1. 将咖啡壶外面的尼龙外套拉链拉上（我是认真的；你要不照做的话就会烫到手），倒入开水来预热玻璃壶，同时你可以开始研磨称重咖啡粉了。
2. 将水倒出，把咖啡壶放到秤上面。装入 60 克研磨较粗的咖啡粉，按下"去皮"键。
3. 倒进 850 克的热水，搅拌上 10 秒。
4. 等待大约 20 秒，将滤器置入，顶上的盖子盖上，静置让咖啡浸泡 3 分半钟。
5. 打开盖子，要么直接将咖啡倒进杯子里饮用，要么赶紧倒进热水瓶或水壶里。只要别继续留在咖啡壶里就行。

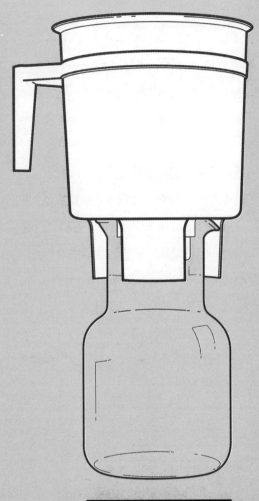

Toddy 冰滴咖啡壶

冰滴咖啡壶

　　两种主要的冰滴咖啡壶分别是——用上全称——Toddy 冰滴咖啡壶和 Filtron 冷泡咖啡壶。由于基本原理相近，所以这份操作指南对它们而言就是一石二鸟。

1. 将橡胶塞装进咖啡壶的底部。
2. 用冷水浸润过滤板，放置在萃取罐底部的凹处。
3. 可选步骤：Filtron 壶还可以使用滤纸；并不是非得用上，但是滤纸的使用能让清洗过程更为方便，另外还能减少过滤板的磨损。如果你想用的话，展开一张滤纸放在萃取罐里即可。
4. 加入 454 克（整整 1 磅）研磨较粗的咖啡粉。
5. 另一个可选步骤：Filtron 壶有一个塑料的盖子，被称为"咖啡粉防护盖"，另外还有一个塑料的容器。你应该把它们装到主容器的顶部，但如果你想要更好地控制水粉接触的话，可以在加水之后再安装。
6. 缓慢地以画圈的动作倒入 2 千克（即 2 升）冰水，让所有咖啡粉都能浸没。如果顶部仍有些咖啡粉是干燥的，你可以用勺子把它们轻轻刮下去，但不要搅拌。

7. 如果你用的是 Filtron 壶，现在就可以把咖啡粉防护盖装在上部的容器上了。如果是 Toddy 壶，而你家厨房又非常脏乱，或者你对你的室友不够信任，那么你还可以用保鲜膜、锡纸或碟子盖住咖啡壶。

8. 让咖啡浸泡上 12 个小时。

9. 将咖啡壶底部的橡胶塞取下，快速放到玻璃水瓶的顶部。要有别人在一旁协助操作的话会更容易些。静置让其滴滤（这个过程需要一段时间）。

10. 将咖啡壶拿开，给水瓶盖上盖子然后冷藏储存。

11. 咖啡浓缩液能保存一两周（假设它能放上那么久）。喝的时候，倒进一个杯子里（可加冰也可不加），可以加入一些水然后尝尝看（标准比例是一份浓缩液对三份水，不过你可以尽自己喜欢地尝试）。

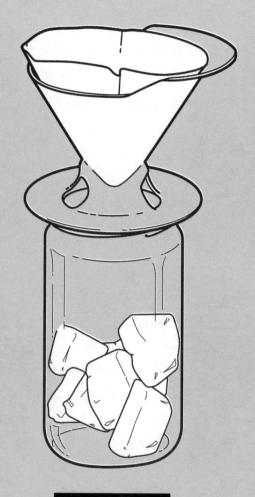

手冲咖啡撞冰

热调冰咖啡

　　这种制作冰咖啡的方法（第 4 章中更多细节）可以用任何一种手冲方式完成——包括 Chemex 壶——或是爱乐压壶。但不管是哪一种方法，原理都是让咖啡接触热水调制后立即冲进冰块。因此，法压壶就不太适用了。下面介绍的配方主要是针对 Chemex 壶，但你能把它改写成 Kalita 波浪滤杯和 Hario 的 V60 壶版本（以及其他任何一种手冲的配方），或爱乐压壶的版本，只需要将热水的一半量换成冰块。所有这些调制方法，你都要确保用到的马克杯或玻璃水瓶的容量足够大，能装下所有冰块和倒入的咖啡液体。

1. 烧热水，展开一张滤纸并放进锥形杯中，一边是三道折，另一边是一道折。放进 Chemex 壶中，倒水时对准三道折的一边。

2. 用热水浸润整张滤纸。通常，滤纸完成任务前把它们从咖啡壶中取出来是不太对的，但在本调制法中，需要这么做了为了放入冰块。小心地取出滤纸，将水全部倒出。

3. 将 Chemex 壶放在秤上，加入 375 克的冰块。

4. 再将滤纸放入杯中，加入 50 克研磨程度在粗到中等的咖啡粉。按下"去皮"键。

5. 慢慢以顺时针方向倒入 50 克热水，浸润咖啡粉。

6. 让咖啡静置 45 秒，然后重复上一步。当秤上数字显示为 375 克时停止倒水。

7. 当水滴速度降到不稳定的逐滴滴落状态，取出滤纸，将咖啡液倒进玻璃杯中。饮用前最好进行搅拌。

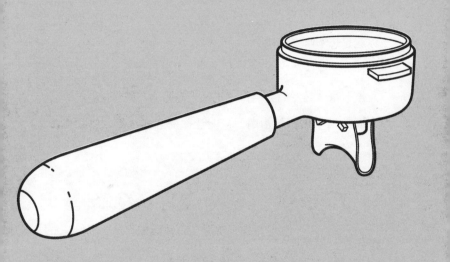

意式浓缩咖啡增压滤碗

意式浓缩咖啡

所以你就完全无视我的建议，还真的跑去买了台意式咖啡机？还是有人送了你一台作为生日礼物？抑或是你就是想了解意式浓缩咖啡的制作理论？好吧，没问题。但你务必要清楚，它可比法压壶做杯咖啡难多了。有一些完整书籍就是专门为制作意式咖啡而写的。记住这一点，下面就是个粗略的指南，只能让你的意式浓缩咖啡初尝试变得稍稍好一点。

1. 是先倒满水做备用，还是直接将机器和水源连接上使用，这取决你家机器的工作原理。接下来打开开关，等待机器预热。这可能需要花费一段时间。

2. 将增压滤碗（就是那个带有把柄和装咖啡粉的滤碗的东西）从咖啡机的冲煮头（即咖啡机上出水的部件）上取下来。如果你的机器有两种不同尺寸的滤碗，确保用的是较大的那个，它是做双倍浓缩的。如果安装的是小的那个，那就把它撬下来替换上大的。

3. 将增压滤碗擦干净，另外也要放出一些热水以清洗冲煮头。如果你机器已经运行了一会儿，这样也能起到预热冲煮头的作用。

4. 细磨 19 到 21 克的咖啡粉，放进滤碗。用手指刮掉顶部多余的咖啡粉。

5. 用填压器（一个形状有点像门把手的圆形物体）从顶部稳稳地下压咖啡粉饼。拿走填压器，确保咖啡粉饼是平整均匀的（提示：如果你填压咖啡粉的时候增压滤碗是放置在一个平整表面上就能达到最佳效果）。再次用手指刮干净滤碗边缘的余粉，确保干净。

6. 将增压滤碗小心地放回冲煮头的下面。下方放置一个小型的咖啡杯。

7. 开始萃取进程（一定会有个开关样子的东西来启动），当棕色的咖啡滤液变成金色时关闭操作。这大概需要 25 到 30 秒的时长，能够产出约为 1.5 到 2 盎司的意式浓缩咖啡。要是这样做完结果并不如意，那么下次可以试着调整下咖啡粉。

8. 直接饮用意式浓缩咖啡，或者加入蒸汽牛奶一起饮用，下篇配方里对蒸汽牛奶会有说明。

意式浓缩咖啡蒸汽牛奶

意式浓缩咖啡加奶

一旦你搞定了前面的意式浓缩咖啡配方（又或许你还是搞不定，只想把糟糕的浓缩咖啡直接倒进牛奶里），你就能开始学着制作不同的意式咖啡了（如果不是你自己想喝，那就为了你的家人朋友学习制作好了，他们会想要免费的拿铁的）。开始的时候，壶里放上一只温度计还是挺有用的——一个附带固定用的夹子的金属温度计会是你的最佳选择，售价大概在 10 美元左右。另外，你要储备比你所以为够用的多得多的牛奶——在真正上手前，你会搞砸无数次。

1. 牛奶和奶杯都需要放进冰箱冷藏备用。
2. 往奶杯中倒入牛奶，差不多快要到达奶杯嘴位置即可。
3. 打开蒸汽头几秒钟以放出水蒸汽，然后将蒸汽管移开咖啡机。
4. 将蒸汽管的尖端置于牛奶表面下大概半英寸的位置。不要让尖端碰到奶杯内侧。
5. 打开蒸汽开关，用非惯用手握紧把手，惯用手则握住杯的外壁。这种操作方式的必要性在于，一方面你能感受到奶杯逐渐热起来的温度，同时你的惯用手能够自由控制蒸汽的开关时机。

6. 当你感觉到奶杯上传递开一点热的时候，将蒸汽喷嘴浸入牛奶更深处，同时要小心避免碰到杯底和内侧。牛奶会开始旋转形成漩涡。

7. 如果你使用温度计，温度计数升至 150 度[①]左右就可以关闭蒸汽了。不用温度计的话，那就等到奶杯热到你的手已经无法握得住它时停止即可。

8. 关闭蒸汽，将奶杯移开蒸汽喷嘴。按这个先后顺序执行，不然会一团糟。

9. 立即用一块干净的布擦干净蒸汽喷嘴。下次再用它时你就会庆幸提早做过清理工作了。

10. 将奶杯杯底在桌子或是工作台面上轻拍几下，震碎大的气泡，然后再晃动奶杯，让奶泡和牛奶更好地融合。

11. 浓缩咖啡中加入牛奶的准确的量取决于你要调制哪种饮品，但一般的规律是：开始时从稍高的

① 此处应为华氏温度。

位置将蒸汽牛奶注入到杯子的中心，再逐渐降低奶杯的高度。一旦你掌握到了窍门，你就能制作拉花艺术了。

延伸阅读

> 调制之法 (www.brewmethods.com) 是一个很棒的在线资源库，有着非常多的由顶级烘焙师和咖啡师提供的文章及视频格式的咖啡调制指南。

> 大多有名的（以及很多不为人知的）第三波浪潮咖啡烘焙师会将不同调制设备（通常也就是他们所售卖的那些）所对应的咖啡调制指南放在他们自己的网站上，并配以大量图片或视频。

> 如果你想从科学的一面深入了解咖啡制作,史考特·拉奥 ① 的《专业咖啡师手册：浓缩咖啡、咖啡及茶调制指南》（*The Professional Barista's Handbook: An Expert's Guide to Preparing Espresso, Coffee, and Tea*）以及《独缺浓缩，滤泡咖啡大全》（*Everything But Espresso*）几本书混合了分步指导的插图、严谨可靠的数据以及令人印象深刻的图表，在业内受到高度

咖啡极客

250　① ww.scottrao.com

赞赏。

> 《如何为自己调制一杯咖啡：芮丝崔朵烘焙店的家
> 庭咖啡制作简易指南》（*How to Make Coffee Before
> You've Had Coffee: Ristretto Roasters' Spectacularly
> Simple Guide to Brewing at Home*）是一本非常了不起
> 的含金量极高的咖啡配方书，是由这家位于俄勒冈州
> 波特兰市的名叫芮丝崔朵咖啡烘焙店的拥有者所著。
> Kindle 的电子书版本折价非常诱人——还不到一杯卡
> 布奇诺的价格连同小费的花费。

词汇表

酸度（acidity）

不同于胃酸或是电解液，咖啡的酸度是样好东西。它指的是一种让人愉快的明亮和活泼感，像是咬了一口青苹果。

咖啡师（barista）

白天做咖啡，晚上玩乐队／画独立漫画／表演单口相声／做着好莱坞明星之梦的人。

批量调制（batch brewing）

在咖啡馆里这一度被叫作"做咖啡"，这项工作包括调制大量的咖啡——无论是用机器还是用大号的法压壶——客人点单时直接倒给他们，而不是分别为每一位顾客调制。大部分咖啡馆，如果你走进去只是要一杯"咖啡"，很可能你得到的就是这个。

稠度（body）

用以表达你嘴中感觉到的咖啡的密度的描述方式。对比来看，吉尼斯黑啤酒口感完整而醇厚，而百威啤酒的口感则比较轻盈。

闷蒸（bloom）

制作咖啡前，将少量的热水倒在咖啡上，以释放出咖啡内部的气体。基本上，就是咖啡放屁。这会让咖啡萃取过程更容易些。

菊苣（chicory）

一种木本植物，历史上物资短缺或经济困难时期曾被用来做咖啡中的填充物或替代品。如今在新奥尔良市仍然有一些喝醉的游客会为它消费。

咖啡吧（coffee bar）

咖啡馆的另一种做作的叫法，而咖啡馆则是咖啡店的做作名称。

咖啡油脂（crema）

意式浓缩咖啡顶部出现的一种更轻的棕色泡沫。油脂的出现（或缺乏）是辨别一份浓缩咖啡好坏的最快方法。这并不是说只要出现油脂的浓缩咖啡就一定是合格的。

无咖啡因咖啡（decaf）

一种没有存在意义的咖啡。

萃取（extraction）

这个过程中，水会偷走藏在咖啡粉里的一切诱人风味。如果咖啡萃取不足（常见原因有咖啡粉磨得太粗，水不够热，咖啡粉和水接触时间太短），它尝起来就不够强烈醇厚。而如果萃取过度（咖啡粉颗粒太细，水过烫，或是调制时间太久），咖啡豆中很多不够可口的成分就会被带出来，尝起来会有焦味。

生豆（green beans）

未经烘焙的咖啡豆，而不是感恩节你妈做的炖菜里的绿色豆子。

爪哇（Java）

既是指印度尼西亚的一个种植咖啡的岛，也是普遍使用的咖啡同义词之一，但绝不是某种编程语言。

拉花艺术（latte art）

你的意式咖啡中，咖啡师倾倒进去的精妙图案设计。当你拿到的卡布奇诺顶部是颗爱心时，别过度解读——那只不过是拉花中最容易做的。

口感（mouthfeel）

你嘴中对咖啡的准确感受——像是油腻的、奶味的、涩的，或是奶油味的。

袖珍烘焙坊（nano-roaster）

"微型烘焙店"这个词能够指代的范围很广，小到某个花整个礼拜在自己车库里烘焙 20 磅咖啡豆的家伙，大到一家为全市的咖啡馆和餐馆供应咖啡豆的公司。而"袖珍烘焙坊"更为模糊——实际上并没有一个准确的定义——但对于在车库里烘焙的那个家伙，人们普遍会认可这个词可以用在他／她身上。

拉（pull）

咖啡行话里，一份浓缩咖啡是"拉"出来的。这要追溯到当意式咖啡机机身上真的有一根控制杆的时代。如今，操作都是通过各种按钮进行的，"按下一份浓缩咖啡"和这个词的含义并没什么不同。

酸涩（sourness）

如果说酸度是个好的特征，那它的丑陋表亲酸涩在咖啡里出现时就不太受欢迎了。不像苹果或葡萄柚，这更像是醋或药的酸味。

辛香（spicy）

用"辛香"描述一杯咖啡的话意味着你能尝出其中的香料味——像肉桂、姜，或小豆蔻的味道——而不是辣咖喱或一勺韩国泡菜在嘴里的灼热感。

压粉锤（tamper）

用来将浓缩咖啡滤筐中的咖啡粉压实的圆形按压物。也是大家知道的，金属和木头制作的厚块，价格昂贵（高端款的价格能高达几百美元）。

美国计量 / 公制计量转换

容量转换	
美国容量标准	等值公制
1/8 茶匙	0.5 毫升
1/4 茶匙	1 毫升
1/2 茶匙	2 毫升
1 茶匙	5 毫升
1/2 汤匙	7 毫升
1 汤匙（3 茶匙）	15 毫升
2 汤匙（1 液盎司）	30 毫升
1/4 杯（4 汤匙）	60 毫升
1/3 杯	90 毫升
1/2 杯（4 液盎司）	125 毫升
2/3 杯	160 毫升
3/4 杯（6 液盎司）	180 毫升
1 杯（16 汤匙）	250 毫升
1 品脱（2 杯）	500 毫升
1 夸脱（4 杯）	大约 1 升

咖啡极客

重量转换

美国重量标准	等值公制
1/2 盎司	15 克
1 盎司	30 克
2 盎司	60 克
3 盎司	85 克
1/4 磅（4 盎司）	115 克
1/2 磅（8 盎司）	225 克
3/4 磅（12 盎司）	340 克
1 磅（16 盎司）	454 克

烤箱温度转换

华氏温度	摄氏温度
200 度	95 度
250 度	120 度
275 度	135 度
300 度	150 度
325 度	160 度
350 度	180 度
375 度	190 度
400 度	205 度
425 度	220 度
450 度	230 度

烤盘尺寸

美制	公制
8x1½ 英寸圆形烤盘	20x4 厘米蛋糕模具
9x1½ 英寸圆形烤盘	23x3.5 厘米蛋糕模具
11x7x1½ 英寸烤盘	28x18x4 厘米烘焙模具
13x9x2 英寸烤盘	30x20x5 厘米烘焙模具
2 夸脱矩形烤盘	30x20x3 厘米烘焙模具
15x10x2 英寸烤盘	30x25x2 厘米烘焙模具（瑞士卷模具）
9 英寸饼盘	22x4 或 23x4 厘米饼盘
7 或 8 英寸弹性模	18 或 20 厘米弹性模或活底蛋糕模具
9x5x3 英寸长条形模具	23x13x7 厘米或 2 磅
1½ 夸脱砂锅	1.5 升砂锅
2 夸脱砂锅	2 升砂锅

出品人：许　永
责任编辑：许宗华
特邀编辑：林园林
责任校对：雷存卿
版权编辑：杨　博
装帧设计：海　云
印制总监：蒋　波
发行总监：田峰峥

投稿信箱：cmsdbj@163.com
发　　行：北京创美汇品图书有限公司
发行热线：010-53017389　59799930

创美工厂　　　　　创美工厂
微信公众平台　　　官方微博

coffee
NERD